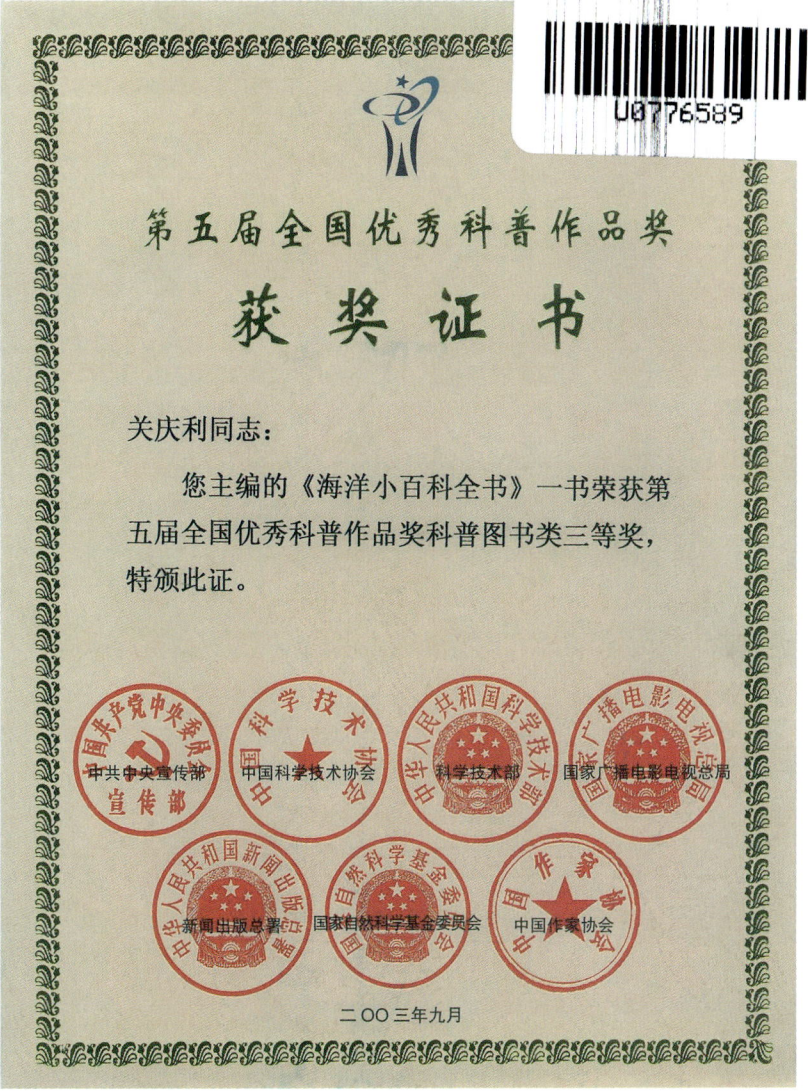

《海洋小百科全书》于2002年5月出版,2003年9月被中国共产党中央委员会宣传部、中国科学技术协会、中华人民共和国科学技术部、国家广播电影电视总局、中华人民共和国新闻出版总署、国家自然科学基金委员会、中国作家协会联合授予"第五届全国优秀科普作品奖科普图书类三等奖"。本书于2007年10月修订再版,现再次修订,由中山大学出版社出版。

《海洋小百科全书》荣获"第五届全国优秀科普作品奖"

海洋 小百科 全书

主　编　关庆利
副主编　丁玉柱　彭　垣

海洋探险

丁玉柱　李文英　牛玉芬　编著

中山大学出版社
·广州·

版权所有 翻印必究

图书在版编目(CIP)数据

海洋探险/丁玉柱,李文英,牛玉芬编著. —广州:中山大学出版社,2012.1

(海洋小百科全书/关庆利主编)

ISBN 978-7-306-03569-1

Ⅰ.①海… Ⅱ.①丁… ②李… ③牛… Ⅲ.①海洋-探险-普及读物 Ⅳ.①P7-49

中国版本图书馆CIP数据核字(2009)第222097号

出 版 人:	徐 劲
策划编辑:	蔡浩然
责任编辑:	蔡浩然
装帧设计:	杨桂荣 曾 斌
责任校对:	马霄行
责任技编:	何雅涛
出版发行:	中山大学出版社
电 话:	编辑部 020—84111996,84113349,
	发行部 020-84111998,84111981,84111160
地 址:	广州市新港西路135号
邮 编:	510275 传 真: 020-84036565
网 址:	http://www.zsup.com.cn E-mail:zdcbs@mail.sysu.edu.cn
印 刷 者:	佛山市浩文彩色印刷有限公司
规 格:	880mm×1230mm 1/32 7.75印张 166千字 4插页
版次印次:	2012年1月第1版
	2014年4月第4次印刷
定 价:	15.30元

如发现本书因印装质量影响阅读,请与出版社发行部联系调换

海洋探险　　　海洋小百科全书

西班牙船队 ▲

徐福像　▲

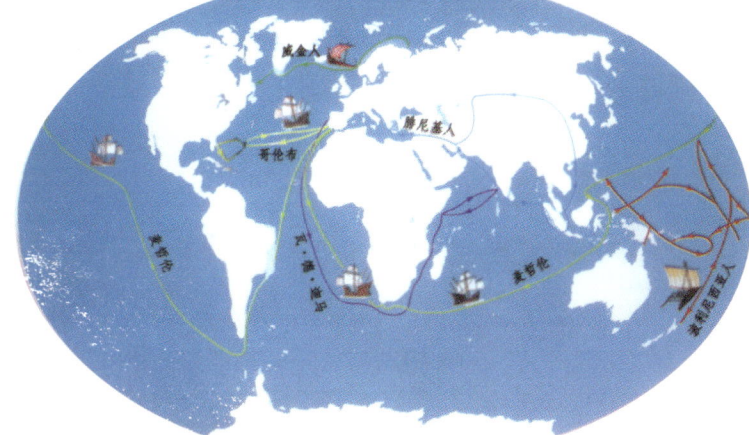

◀ 古代航海探险图

◀ 葡萄牙亨利王子的舰队

▶ 库克船长

海洋小百科全书　　海洋探险

郑和七下西洋 ▲

▲ 航海探险家雷利（英）

▲ 兰德探险几内亚湾

鉴真和尚 ▲

▲ 航海探险家德雷克（英）

▲ 纪念郑和航海明信片

海洋探险

库克船长航海探险 ▲

▲ 麦哲伦探险船队

▲ 爱斯基摩人和他的狗

▲ 达尔文乘"小猎犬"号离开火地岛

水下摄影

▲ 中国北极科考

「阿尔文」号潜水器

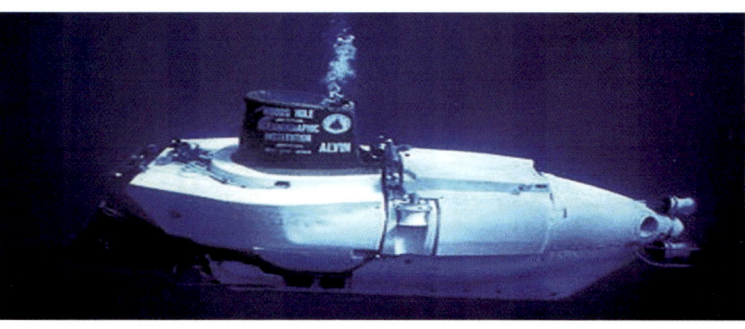

序言

　　海洋是人类的母亲,也是人类千万年来取之不尽、用之不竭的巨大资源宝库。在人类赖以生存的蓝色星球——地球上,蔚蓝色的海洋占有约71％的总面积。

　　雄踞在这颗蓝色星球的东方、浩瀚无垠的太平洋西岸上的中华人民共和国,不仅拥有960万平方千米的陆地国土,而且还拥有300万平方千米的海洋国土,有着1.8万千米绵延曲折的海岸线。在这浩瀚的蓝色国土上,珍珠般地镶嵌着大大小小6500多个美丽而富饶的岛屿。

　　勤劳勇敢的中华民族,在古代就凭着自己卓越的智慧和创造力,伐木成舟,劈波斩浪,牵星观月,远渡重洋,以举世瞩目的海洋文明跻身于世界航海强国的民族之林。

　　21世纪是海洋的世纪,21世纪的主人翁就是今天的青少年朋友。他们不仅是我国的未来和希望,而且必定是21世纪振兴经济和提升海洋科技的主力军。海洋将是青少年朋友报效祖国、振兴中华民族大显身手的辉煌舞台。只有帮助青少年及早地以科学的眼光认识世界的发展,科学地把握未来,早日加入到海洋开发建设的队伍中来,才能更好地发展我国的海洋经济,捍卫我国的海洋权益。未来是海洋的时代,只有让广大的青少年了解海洋、接近海洋、认识海洋,才能把握海洋、开发海洋、利用海洋和捍卫海洋权益,为祖国的海洋开发建设作贡献,为中华民族的子孙后代造福。为了提高中华民族的海洋文化素质,再铸中华民族海洋文明的辉煌,使我国成为21世纪的海洋强国,有识之士必须从现在做起,从青少年抓起,全面培养我国青少年的海洋意识,普及海洋科学知识,提高海洋科技技能,增强蓝色国土观念和捍卫海洋权益的责任感、使命感。从这个意义上说,在人类进入21世纪的伟大时代,在全球开始创造海洋经济的伟大时刻,在世界日益关注海洋权益的今天,出版这套经过缜密修订的全面、系统、科学地介绍海洋知识的《海洋小百科全书》,无疑是奉献给我国青少年朋友的一份珍贵礼物,是激发青少年的海洋兴趣、增长海洋知识、普及海洋文化、宣传海洋文明、提高海洋素质、促进海洋教育所做的一件功在当代、利在千秋的非常具有实践成就和指导意义的工作。

绚丽多姿的海洋召唤着青少年朋友们去探索和揭秘,无穷无尽的海洋宝藏等待着有志于海洋事业的青少年朋友们去开发和利用。这套图文并茂、深入浅出的《海洋小百科全书》,必将以丰富的知识性、深刻的思想性和高雅的趣味性,成为青少年朋友在蓝色海洋里成长、成才的良师益友。

祝愿青少年朋友读完这套书后能够早日成为大海的骄子,为把祖国建设成伟大的海洋经济强国和海洋科技强国贡献自己宝贵的青春和智慧。

国家海洋局局长:孙志辉

2010年4月6日

目 录

一、古代海洋探险

1. 最早探索海洋的是哪个民族? …………………（2）
2. 波利尼西亚人是怎样航海的? …………………（3）
3. 谁是中国秦代伟大的航海家? …………………（4）
4. 徐福在金立山找到了长生不老药吗? …………（6）
5. 中国海上丝绸之路的开拓者是谁? ……………（7）
6. 鉴真和尚第一次东渡为什么失败了? …………（9）
7. 鉴真和尚第二次东渡是怎么失败的? …………（10）
8. 鉴真和尚第三次东渡的结局如何? ……………（11）
9. 鉴真和尚第四次东渡失败的原因是什么? ……（12）
10. 鉴真和尚是在哪次东渡时导致双目失明的? …（12）
11. 鉴真和尚是哪一次东渡才获得成功的? ………（13）
12. 谁是明代七下西洋的伟大航海家? ……………（14）
13. 第一个拜访西洋国的明代人是谁? ……………（16）
14. 郑和在哪里擒海盗留美名? ……………………（17）
15. 郑和的墓在哪里? ………………………………（18）
16. 郑和与哥伦布哪一个更伟大? …………………（20）
17. 中国古代的航海壮举有哪些? …………………（20）
18. 唐朝以后中国的航海活动发生了哪些变化? …（22）
19. 大陆和台湾之间有桥吗? ………………………（23）
20. 希腊人是从什么时候开始海洋探险的? ………（24）
21. 皮西亚斯是在什么背景下对北方海域进行探险的? …（25）

22. 皮西亚斯对海洋学的贡献有哪些? ………… (26)
23. 北欧海盗时代是从何时开始的? ………… (27)
24. 谁给探险家带来了美梦? ………………… (28)
25. 世界上第一个女海盗是谁? ……………… (30)
26. 从未航海的航海探险家是谁? …………… (31)
27. 是谁发现了好望角? ……………………… (33)
28. 哥伦布的航海动机是从哪里来的? ……… (34)
29. 哥伦布是从何时开始从事航海活动的? … (36)
30. 哥伦布到底是在什么地点首次登陆的? … (36)
31. 谁是欧洲和美洲航线的开拓者? ………… (37)
32. 是谁发现了"海上草原"? ………………… (39)
33. 是谁建立了美洲的第一块殖民地? ……… (40)
34. "伊莎贝拉"殖民地是谁建立的? ………… (41)
35. 哥伦布之谜有哪些? ……………………… (41)
36. 哥伦布是哪国人? ………………………… (42)
37. "哥伦布木桶"命运如何? ………………… (43)
38. 哥伦布是哪年出生的? …………………… (44)
39. 关于哥伦布首次探险的目的有哪几种说法? … (44)
40. 西班牙王后是否支持哥伦布探险? ……… (45)
41. 哥伦布的纪念日是在哪一天? …………… (45)
42. 哥伦布对人类有哪些贡献? ……………… (46)
43. 麦哲伦在太平洋上漂流了多少天? ……… (47)
44. 世界上第一个环球航行的人是谁? ……… (48)
45. 麦哲伦是怎样制服船长叛乱的? ………… (50)
46. 麦哲伦看到南海为什么流泪? …………… (51)
47. 为什么说麦哲伦是伟大的航海家? ……… (52)
48. 第一个航行到印度的西方人是谁? ……… (53)
49. 达伽马是怎样当上印度副王的? ………… (54)
50. 首先进入北美大陆的欧洲殖民者是谁? … (56)

海洋探险

51. 英国的哪位探险家冻死在俄国海滨？ …… (57)
52. 弗罗比舍发现了什么？ …… (59)
53. 谁是英国环球航行世界的第一人？ …… (60)
54. 最早到印度和东南亚旅游的英国人是谁？ …… (62)
55. 世界上何时海盗最猖獗？ …… (63)
56. 为了寻找东北通道而丧生的巴伦支是哪国人？ … (63)
57. 亨得森岛是由谁发现的？ …… (64)
58. 哈得孙是在哪里被同伴们抛弃的？ …… (65)
59. 在北极圈寻找通道的探险家是谁？ …… (66)
60. 是谁最早用潜水器进行深海探险的？ …… (68)
61. 谁是欧洲大陆最北端的发现者？ …… (69)
62. 著书立说的英国海盗是谁？ …… (70)
63. 你知道库克船长多少次远航大西洋吗？ …… (71)
64. 库克船长在日记里是怎样描述南极大陆的？ …… (72)
65. 库克船长对英文的贡献是什么？ …… (74)
66. 库克船长是怎么死的？ …… (75)
67. 富兰克林是用什么方法测量海流的？ …… (76)
68. 谁完成了法国的首次环球航行？ …… (77)
69. 谁是近代第一个平等对待土著人的著名航海家？ …… (78)
70. 布干维尔是怎样对待土著人的？ …… (79)
71. 谁是世界上不吃海鲜的潜海女王？ …… (80)
72. 拉佩鲁兹是怎么遇难的？ …… (82)
73. 奥古斯特对海洋潜水的贡献有多大？ …… (84)
74. 美国是何时完成首次环球航行的？ …… (85)
75. 俄国是怎样完成第一次环球航行探险的？ …… (86)
76. 南设得兰群岛是由谁发现的？ …… (86)
77. 达尔文也喜欢航海吗？ …… (88)
78. 是谁最早揭开了珊瑚礁的秘密？ …… (89)
79. 是谁发现了阿德利地？ …… (90)

3

80. 探险家维尔克斯为什么被称为"海上魔鬼"? …… (92)
81. 谁是第一个编写《北大西洋水深图》的人? …… (93)

二、近代海洋探险

82. 汤普森是怎样找到"中美洲"号的? …………… (96)
83. 谁是提出"深海觅宝探险理论"的第一人? …… (97)
84. 在西北通道全队丧生的探险队队长是谁? …… (98)
85. 第一个横渡英吉利海峡的人是谁? ……………… (99)
86. 被人们称为能"上天和下海"的教授是谁? …… (100)
87. "珍妮"号船在哪里遇到了危险? ……………… (101)
88. "珍妮"号脱险了吗? …………………………… (102)
89. 北冰洋航道的开辟者是谁? …………………… (102)
90. 诺登舍尔德的北冰洋探险创造了什么奇迹? …… (104)
91. 第一个走完西北航道的探险家是谁? ………… (105)
92. 南森是在哪一年获得诺贝尔和平奖的? ……… (106)
93. 首次驾机飞越英吉利海峡的人是谁? ………… (108)
94. 谢多夫中尉是怎么死的? ……………………… (109)
95. 完成单人驾机飞越大西洋的人是谁? ………… (110)
96. 首次驾机飞越太平洋的人是谁? ……………… (111)
97. "意大利"号飞艇是在哪里神秘失踪的? ……… (113)
98. 伊尔哈特小姐是在哪里失踪的? ……………… (114)
99. 邦巴尔探险证明了什么? ……………………… (114)
100. 人类探险"挑战者"海渊成功了吗? ………… (116)
101. 斋藤实的海上漂流试验成功了吗? ………… (117)
102. 单身环球航行的老人是谁? ………………… (118)
103. 荡桨横渡大西洋的夫妇是谁? ……………… (119)

104. 谁是横渡英吉利海峡的"女王"? ……………… (120)
105. 最古老的沉船是怎样被发现的? ……………… (121)
106. 不用导航仪器进行环球航行的探险家是谁? … (122)
107. 克里姆斯的环球航行成功了吗? ……………… (123)
108. "巴达维亚"号是在哪里重建的? ……………… (124)
109. 是谁创造了环球直飞40000千米的记录? …… (125)
110. 被鲨鱼咬住大腿的人是谁? …………………… (127)
111. 巴尔特里是怎么失踪的? ……………………… (129)
112. 是谁掉到了鲸鱼的肚子里? …………………… (130)
113. 巴尔特里在鲸鱼肚子里是怎样活下来的? …… (131)
114. 独闯太平洋的日本人是谁? …………………… (132)
115. 古罗马青铜器是怎样重见天日的? …………… (133)
116. 佩龙·布勒东打破了"80天环游地球"的纪录了吗? … (134)
117. 第一个泅渡大西洋的人是谁? ………………… (135)
118. 是谁开拓了进入海洋最深处的航线? ………… (136)
119. 残疾人也能驾驶帆船环球航行吗? …………… (138)
120. 海底打捞探险的目的是什么? ………………… (139)
121. 高桥素晴的单人横渡太平洋探险为何被判无效? … (140)
122. 海上漂流8个月还能生还吗? ………………… (142)
123. 杰西·马丁是如何完成环球旅行的? ………… (143)
124. 第一个横渡渤海海峡的中国人是谁? ………… (144)
125. 第一个横渡英吉利海峡的中国人是谁? ……… (145)
126. 世界上第一位横渡大西洋的女性是谁? ……… (146)
127. 世界上第一个独自划船横渡太平洋的人是谁? … (147)
128. 2001年驾车试图穿越白令海峡的探险家是谁? … (148)

三、现代极地探险

129. 踏上地球"三极"的中国女性是谁? …………… (151)

130. 第一次进入北极圈的中国人是哪一位？ ……… (152)
131. 中国首次北极科学考察是在哪一年？ ………… (153)
132. 登上南极最高点的第一位中国人是谁？ ……… (154)
133. 古人想象中的"南极"是怎样的？ ……………… (155)
134. 别林斯高晋的探险目的是什么？ ……………… (156)
135. 是谁发现了南北磁极？ ………………………… (157)
136. 谁是第一个到达北极点的人？ ………………… (158)
137. 首次穿越北极飞行的探险家是谁？ …………… (159)
138. 哪位勇士是乘气球探险北极的？ ……………… (160)
139. 20世纪初挪威最著名的极地探险家是谁？ …… (162)
140. 高斯山是怎样被命名的？ ……………………… (163)
141. 阿蒙森是怎样和爱斯基摩人相处的？ ………… (165)
142. 谁最早发现了海底的"泰坦尼克"号？ ………… (167)
143. 沙克尔顿是怎样在冰海脱险的？ ……………… (168)
144. 是谁将挪威的国旗插在了南极点？ …………… (169)
145. 人类在南极考察的足迹有哪些？ ……………… (170)
146. 你听说过骑车闯北极的故事吗？ ……………… (171)
147. 被称为"华人鲁滨逊"的人是谁？ ……………… (172)
148. 为什么说飞越北极点是"死亡飞行"？ ………… (174)
149. 飞抵南北两极的残疾人是谁？ ………………… (175)
150. 穿越北极冰层下的核潜艇是哪国的？ ………… (176)
151. 冲破北极冰盖的核潜艇是哪国的？ …………… (178)
152. 南极半岛是怎样被命名的？ …………………… (179)
153. 飞越北极点的女性是谁？ ……………………… (179)
154. 哪个探险家穿越了南北两极？ ………………… (180)
155. 南极海底探险的记录是多长时间？ …………… (182)
156. 植村直己有哪些传奇经历？ …………………… (182)
157. 哪位探险家变成了狗的接生婆？ ……………… (183)
158. 谁是冰原探险的巾帼英雄？ …………………… (184)

159. 史蒂芬生是靠什么在北极圈内生存 11 年的？……(185)
160. 哪个探险家划船到了南极？…………(186)
161. 滑雪横跨南极的人是谁？……………(187)
162. 滑雪到达北极的女探险家是谁？……(188)

四、环球海洋风采

163. 谁是中国航海人的保护神？…………(191)
164. 中国的古海洋学大师是谁？…………(192)
165. 6 亿年前海中之王是什么？…………(193)
166. 最早被铸在纪念币上的航海家有哪些？…(194)
167. 6000 年前的航海秘密是什么？………(195)
168. 谁是第一个使用漂流瓶的人？………(196)
169. 谁发现了法国海底万年壁画？………(197)
170. 谁是最早海洋潜水器的发明者？……(198)
171. 水下摄影是谁发明的？………………(198)
172. 还有用古代方式航海的现代人吗？…(199)
173. 大海会为我们让路吗？………………(200)
174. 月球上有海洋吗？……………………(202)
175. 在海里可以种草吗？…………………(203)
176. 10 亿年后海水会消失吗？……………(204)
177. "大西洲"真的存在吗？………………(205)
178. 人类进入深海最得力的工具是什么？…(207)
179. 潜水运动是从什么时候开始风靡全球的？…(208)
180. 水肺给潜水员带来了什么？…………(209)
181. "深水舞蹈"是怎么一回事？…………(210)
182. 世界上第一架水下飞机是在哪一年研制成功的？…(211)

183. 谁是世界上年龄最小的滑水者？……………………（211）
184. 海底洞探为什么被称为新奇的探险？……………（212）
185. 谁是当代潜水女王？………………………………（214）
186. 谁是素潜世界冠军？………………………………（215）
187. 最深的海上救助在哪里？…………………………（216）
188. 深海打捞收获最大的是哪一次？…………………（217）
189. 面对冲浪运动你做好准备了吗？…………………（217）
190. 横渡海峡会遇到哪些困难？………………………（219）
191. 世界历史最长的帆船赛是哪一个？………………（219）
192. "双鱼座"号深潜器到百慕大海底去寻找什么？…（220）
193. 人能像鱼一样在海里畅游吗？……………………（222）
194. 女性适合潜水运动吗？……………………………（223）
195. 谁是自由潜水冠军？………………………………（224）
196. 探险家们的理想伙伴是什么？……………………（224）
197. 神秘的海底铁塔在哪里？…………………………（225）
198. 爱斯基摩人是怎样过冬的？………………………（227）
199. 人类是怎样首次拍摄到深海大乌贼的？…………（228）
200. 中国为什么要建造"蛟龙"号深海载人潜水器？…（229）
201. "蛟龙"号最大设计下潜深度是多少米？…………（230）
202. "蛟龙"号目前最大下潜深度达到多少米？………（231）
203. "向阳红09"船是怎样完成"蛟龙"号海潜试验的？
   ……………………………………………………（232）
204. 海洋探索是无穷尽的吗？…………………………（233）
编后记 …………………………………………………（235）
《海洋小百科全书》分类目录 ………………………（236）

海洋探险

古代海洋探险

1. 最早探索海洋的是哪个民族？

大家都知道关于海洋的历史是源远流长的，可是你们知道最早探索海洋的是哪一个民族吗？

约公元前3000年以前，在地中海东岸与黎巴嫩山脉之间的狭长地带，有一个小国叫腓尼基。它处于古埃及和古巴比伦之间，虽然它在政治上不隶属于这两个强国，但是在经济上却与这两个强国保持着密切联系，扮演着中间商的角色。

古埃及和古巴比伦都需要黄金和有色金属，特别需要用于制造青铜器的铜和锡。腓尼基人为了寻找这些商品，便开始了远离家乡的海上探险航行。他们建造了巨大的双层桨座并装有冲角的船只。这种船能在顺风中扬帆航行。腓尼基人就是乘这种船经克里特岛穿过伊奥尼亚海，发现了西西里岛，并在岛上建立了几座城堡。他们在往西航行中又发现了撒丁岛、巴利阿里群岛和马耳他岛,并把这些岛屿变成了腓尼基人的殖民地。航海探险不仅使腓尼基人获得了巨大的财富,也使他们提高了航海的技术水平。于是他们又继续穿过直布罗陀海峡,在非洲北岸建立了迦太基城。以后不久,迦太基就变成了发达的奴隶制国家。

随着罗马帝国的兴起,到公元前147年,腓尼基人被彻底打败。这个曾经是地中海主人的航海民族,在地中海称雄了2000多年后被灭绝了。

2. 波利尼西亚人是怎样航海的?

太平洋是地球上最大的一个洋,这是人人皆知的。但是,在南太平洋岛屿上居住的土著人,大家是否熟悉呢?

这些土著人就是人们所称的波利尼西亚人。他们的祖先都是一些伟大的航海家。经过几千年的沧桑巨变,波利尼西亚人已经与当地环境融为一体了。在当地流传着许多关于独木舟的故事,传说波利尼西亚人的祖先就是驾着这种独木小舟漂洋过海来到南太平洋的。

说起独木舟,大家可能会联想起渔民们捕鱼所用的小船。早在远古时期,这些波利尼西亚人的祖先,不畏惊涛骇浪,带着家属和禽畜,冲破重重险阻才来到这片分散的岛屿上。他们所表现出的这种勇气和胆量实在值得我们钦佩。直到今天,当地的波利尼西亚人仍然用这种独木舟出海。

据考古学家的推测,波利尼西亚人的祖先来自于南美洲西海岸的智利、秘鲁等地,也有可能来自亚洲印度尼西亚一带,他们大规模的迁移可能是在距今2800年前。就是从那个时候开始,波利尼西亚人开始世世代代生活在与世隔绝的海岛上,与大自然进行着顽强的搏斗。

3. 谁是中国秦代伟大的航海家?

公元前221年,秦始皇统一六国后便开始到处巡游。当秦始皇东巡到泰山封禅之后,沿渤海东行到了现在的山东省胶南市的琅琊台,他立即被这里雄奇的山海景色迷住了。他登山远望,不禁被那波涛滚滚、辽阔无垠的大海所陶醉。在此期间,秦始皇听说海里有三座神山,分别称作蓬莱、方丈和瀛洲。为了寻神求仙,使自己长生不老,他到处找人率队出海寻找深山仙果。秦始皇找了谁去替他到海上神山寻长生不老药呢?

这个人就是山东方士徐福。徐福自小爱玩水,年轻时闯荡江湖练出一手驾船的好技术,学了不少识海流、观天象的知识。因此,秦始皇选中了他。徐福第一次率队出海寻药就花了四五年时间,他回来后见了秦始皇却长跪不起一言不发。原来,他并未寻到传说中的长生不老药。尽管如此,秦始皇也没有怪罪他,而是让他继续率船寻找。可是,转眼几年过去,徐福还是一无所得,他已感到皇命难违,如果再不借出海之机逃走,他和他的手下人都必死无疑。于是,他对秦始皇说,已经发现神山,但秦始皇本人需斋戒沐浴,以表示至诚,同时需有3000童男童女、各种工匠和各种作物的种子随船进贡。显然,徐福是准备一去不归,在海外落脚生根了。

秦始皇为了自己能长生不老,能占有神山仙果,因此,一切都按徐福的要求办了。

徐福东渡起航处

徐福这次率众出海,秦始皇亲自督送。徐福头戴高山冠,身穿高袖道服,足登马靴,站在旗船船头,挥泪告别华夏大地,带着数千人马,开始了海上航行。船队利用海流,不断向外海漂去。经过数十天的艰难航行,他们终于惊喜地发现了一个陌生的海岛。原来,他们漂到了日本东瀛一带的岛上。从此,他们在这些岛上繁衍生息,生儿育女,成了今天日本的出云族、铜铎族的始祖。他们的后代成了日本民族的有机组成部分,为日本文明作出了不可估量的贡献。

徐福东渡虽然没有为秦始皇找到长生不老药,但却为中国的航海发展史添上了光辉的一笔,徐福也因此成为中国秦代伟大的航海家。

4. 徐福在金立山找到了长生不老药吗?

徐福奉秦始皇的命令出海寻找长生不老药。这一天,徐福从土著人那里得知,从黑发山向北行走,有一座金立山,山上有一种叫"孚劳孚希"的药草,人吃了这种药草之后,就可以长生不老了。

徐福听到这个消息后,马上命令众人向金立山方向出发。第二天一早,他们来到了金立山下,但山前的一大片沼泽地挡住了他们的去路。怎么办呢?聪明的徐福立即命令随从将带来的绸缎铺在沼泽地上,让众人踏着绸缎登上了金立山。上山之后,徐福和他的随从虽然尝遍了山上的百种野草,但找了几个月也没有找到所谓的"孚劳孚希"。

一天晚上,徐福在劳累了一天之后,早早就入睡了。朦胧之中,他远远看见有一位鹤发童颜的老君正在火上煮东西,出于好奇,他便上前询问。老者手持胡须告诉徐福说:"我在煮长生不老药,这种草药

秦始皇

我在1000年前就开始吃了,至今从未生过任何病。这种草药就长在山涧和峭壁的古树之下,很容易找到的。"他的话音刚落,徐福只见眼前一阵白烟,老者就无影无踪了。徐福刚想用手抓住他,可感觉屁股有点痛,原来是他一高兴从床上掉了下来。

徐福从地下爬了起来,按着老者说的话,还没等到天亮就派人到山涧和峭壁的古树下四处寻找仙草,终于找到了"孚劳孚希"。其实,它是在金立山上生长的一种学名叫"黑路"的野生植物,并不是老者所说的长生不老药。

大家都知道,世上是没有长生不老药的,那些所谓"长生不老"的种种传闻都是自欺欺人的。

5. 中国海上丝绸之路的开拓者是谁?

法显是中国海上丝绸之路的开拓者,是中国航海史上有重要贡献的人物。

法显是东晋僧人、旅行家、翻译家,中国僧人赴印度留学的先行者。法显俗姓龚,约公元334年生于平阳武阳(今山西临汾)。他自小出家,好学上进,钻研佛经,深感中国佛经有许多地方残缺不全,便立志出国寻求经律。

丝绸之路上的货商

东晋安帝隆安三年(公元398年),法显从陆地上步行到了印度,在那里苦心修行,到处搜集佛经,然后登船由海上回国。义熙五年(公元409年)十月下旬,他由孟加拉国出发,在海上漂泊了14天,来到一个小岛,稍稍休息后又从海边出发了。他们白天靠太阳、夜间靠星斗辨别方向,遇到阴天就随风漂流,不知所向。这样,经过90天的海上漂泊,法显才来到了苏门答腊岛南部。法显在那里学习了5个月的佛经之后,又乘商船东渡回国。在海上他们遇到狂风巨浪,把一切东西都扔光了,法显却死死抱着佛经不放。经过在海上70多天的艰难航行之后,他们于义熙八年(公元412年)漂流到今天的山东崂山登陆。

法显出国14年,足迹遍及30余国,航行5000余千米,不但带回了佛经,而且还把国外所闻所见及在海上

搏风斗浪的经历整理成了《法显传》刊行于世,为后人了解东南亚各国的航行情况提供了重要的史料,也为后来的郑和下西洋打下了基础。法显也由此成为中国海上丝绸之路的开拓者。

6. 鉴真和尚第一次东渡为什么失败了?

鉴真和尚(公元688—763年)俗姓淳于,是扬州江阴县人。他4岁时出家,22岁受戒,巡游两京,遍研三藏。26岁时,他已经是能融贯各家之长、声名远扬的律宗大师了。

鉴真像

唐天宝元年(公元742年)十月,日本的学问僧荣睿和普照在鉴真门徒道航的推荐下,来到扬州大明寺拜谒鉴真,并请他东渡,到日本国传法。

唐天宝元年(公元742年),鉴真率弟子道航、思托等21人准备东渡。因为道航是当朝宰相李林甫的哥哥李林宗的"家僧",所以通过道航的关系,鉴真一行获得李林宗的介绍,得到扬州一名身为下级官吏的僧人的支持与帮助,开始建造船只,筹备干粮。不料,准备同行的僧人中有一个叫如海的,因与道航意见不合,就跑到官府诬告道航、荣睿、普照等人,使他们被捕入狱。经过审讯查清真相后,他们就被释放了。虽然他们人被释放了,但船只却被官府没收了,筹备的干粮也失踪了。就这样,鉴真和尚的第一次东渡宣告失败。

7. 鉴真和尚第二次东渡是怎么失败的?

鉴真和尚的第一次东渡是以失败而告终的。官府将荣睿与普照关了4个月后才把他们释放出狱,但他们出狱后的第二天又一次秘密来到大明寺拜见鉴真和尚,仍然坚决地邀请鉴真和尚东渡日本。鉴真和尚被他们的真情所感动,决心再试一次。

这一次东渡,鉴真和尚不但亲自出钱购买了岭南采访使刘巨鳞的一艘军用船,而且还雇了18名水手,又采办了各种物品和干粮,在公元743年的12月从扬州起航,沿长江东下。这一次随鉴真一起前往日本的还有思托等17名僧人以及各种工匠、艺人85名。当帆船航行到狼沟浦(今江苏省南通市狼山)江面时,狂风大作,破旧的军船被严重损坏,无法继续行驶,只好抢滩修理。又因为潮水的顶托,破船四处漏水,舱里水深齐腰,所有的干粮都被水浸泡而无法食用。这艘破旧的军船在水中既不能前进,也不能返回,在水中足足漂泊了一个多月,才被明州(今浙江省宁波市)官员派人救回。就这样,鉴真和尚的第二次东渡又失败了。

8. 鉴真和尚第三次东渡的结局如何?

两次东渡的失败,并没有减弱鉴真和尚继续东渡的决心。当时,唐玄宗在位,他崇信道教,贬抑佛教。在激烈的门派斗争中,佛教已经受到压制,许多佛家弟子转而屈服于道教和朝廷。而一向坚信佛教、作为佛教中律宗后起之秀的鉴真和尚当然不会向道教屈服,因而他决心继续东渡日本,传经授戒,弘扬佛法。可这一次的结局更惨。

鉴真和尚东渡场景

当鉴真一行还未出发时,就被一位越州的僧人发觉,并向州官告发,说日本僧人荣睿要引诱鉴真和尚逃往日本国。州官听到后,马上将荣睿追捕入狱,押送长安治罪。到了杭州后,荣睿因长途颠簸而病倒了,州官发现荣睿的病越来越严重,认为他没有逃跑的能力,就将他开释在外进行治疗。在治疗的过程中，荣睿假装病死，潜逃回了阿育王寺。于是，鉴真和尚的第三次东渡在准备过程中，就因被人告发而失败了。

9. 鉴真和尚第四次东渡失败的原因是什么？

鉴真和尚亲眼目睹了日本僧人荣睿和普照为了请他去日本而置生死于不顾的所作所为，因此他决心继续东渡，不达目的誓不罢休。

为了避开众人的耳目，这一次鉴真和尚秘密派人到福州造船，筹备物资。唐天宝三年（公元744年）冬，鉴真和尚率领荣睿、普照、思托等30余僧人拜别阿育王寺主持，秘密南下。然而，鉴真和尚一行刚刚到浙江黄岩县的禅林寺，就被官兵重重包围了，并且被他们强行押回扬州大明寺。鉴真和尚为此感到奇怪：为什么这么秘密的行动也会被官府发现呢？原来，鉴真和尚的这次行动被他在扬州的弟子灵佑知道了，灵佑不忍心师父因东渡而冒险，所以就和各寺的僧人联合起来到官府告发。于是，江东道采访使下令各州县阻拦鉴真一行，从而使鉴真和尚的第四次东渡因其弟子的好心又告吹了。

10. 鉴真和尚是在哪次东渡时导致双目失明的？

唐天宝七年（公元748年）春，荣睿和普照从同安郡（现在的安徽省安庆市）来到扬州的崇福寺拜见鉴真和尚，三人商量后，马上就着手准备东渡。当年6月，鉴真和尚一行35人从扬州出发，沿江东行，出了长江口，在越州三塔山停留了一个多月，然后驶到舟山群岛附近的暑风山。

到了10月中旬,船从暑风山起航,东行不久就遇到狂风恶浪的袭击。尽管他们没有被大海吞没,但船却完全失去了控制,在海上随波逐流。直到第九天,船才靠上一个无名小岛,补充了一些淡水,又继续航行了5天,来到一个鲜花盛开、四季常春的地方。上岸一打听,才知道他们已经航行到海南岛的最南端了。正在他们万般无奈之际,也算天无绝人之路,幸好他们碰到4个商人,便随着商人来到振州(今海南省三亚市),受到当地官府的接待,然后辗转北上。在返回途中路过端州时,荣睿因久病得不到医治而身亡。鉴真和尚因劳累过度,又医治不当,致使双目失明。即使这样,鉴真和尚仍没有灰心失望,他回到扬州后,仍然准备再一次东渡。

11. 鉴真和尚是哪一次东渡才获得成功的?

鉴真和尚虽然5次东渡都以失败而告终,但他并没有因此而动摇继续东渡的决心。唐天宝十二年(公元753年)十月,日本第十次遣唐使在回国前,到扬州拜见鉴真和尚,并代表日本国邀请他去日本传法。此时的鉴真虽然经历了5次东渡的磨难,年届66岁高龄,而且双目失明,但他仍然答应随使团东渡日本。听到鉴真和尚又要出海的消息,当地寺庙的和尚们都对他极力阻拦,严加监视。但鉴真和尚一行24人在其弟子们的密切配合下,于10月29日晚在黄泗浦与日本遣唐使船队会合,终于踏上了第六次东渡日本的航程。

经过两个月的艰苦航行,鉴真和尚一行胜利抵达日本萨摩秋妻屋浦(现在日本鹿儿岛县川边郡坊津町秋目村),受到当地官府的热烈欢迎。翌年2月,他们终于到达日本遣唐使船队的始发港——南波港。至此,鉴真和尚从公元742年起到754年止的12年中,前后6次东渡日本,备受艰辛,屡遭磨难,终于达到东渡日本、弘扬佛法的目的。

公元755年,鉴真和尚在奈良东大寺建筑戒坛,传授佛法,是为日本佛教徒登坛受戒之始。公元759年,日本建起唐招提寺,鉴真和尚传布律宗,并将中国的建筑、雕塑、医药学等介绍到日本,为中日两国文化交流作出了卓越贡献。

12. 谁是明代七下西洋的伟大航海家?

伟大的航海家郑和,是众多中国古代优秀航海家中的伟大代表,他把毕生精力都献给了祖国的航海事业,创造了世界航海史上无与伦比的伟绩。1390年,年仅19岁的郑和被送入宫中,由于他监军有功,晋升为内宫太监,总揽公众勤务,成为皇帝最宠信的人物之一。

当时的皇帝是明成祖朱棣,他听说自己的死敌明惠帝逃到海外以后,日夜感到不安。同时,他又从郑和那里听说西洋有许多美丽的国家,跟他们通商能增加国库的收入。显然,派船队前往西洋可以一举三得:一来可暗访惠帝下落;二可同西洋各国通商,换回许多宝贝;三可向西洋各国展示中国的实力。于是,明成祖朱棣就派郑和出使西洋。

郑和像

从公元1405—1431年,郑和先后七下西洋,访问过40多个国家,历时20多年,航程达10万余里,最远曾到达非洲东岸的慢八撒(今肯尼亚)。郑和七下西洋,为中国人民与东南亚、印度、阿拉伯、东非各国人民的友好往来作出了卓越的贡献。尤其值得称道的是,他率领精兵强将,代表着强盛的中国,历访亚、非诸国。他所到之处,没有侵略别国一寸疆土,没有建立一块殖民地,不像后来的欧洲殖民者那样到处称王称霸,而是除暴安良,宣扬和睦共处。因此,在东南亚一带,郑和被人们奉为神灵,受到筑庙膜拜的礼遇。

13. 第一个拜访西洋国的明代人是谁?

越南在古时被称为占城国,又叫西洋国,从唐朝开始,我国就和它有着密切的往来。但从唐朝衰落了以后,两国之间的交往就日渐减少了。明代著名航海家郑和七下西洋时,多次来到这里,使两国之间的贸易往来前进了一步。

明朝永乐三年,也就是1405年,郑和的船队穿越南海,来到了中南半岛的东南端——占城国。船队降帆下锚之后,郑和派使节乘小舟先上岸给占城国的国王递交国书。国王阅完国书后,十分高兴,赶紧命人准备厚礼,亲自送往码头,迎接郑和船队,以表示对中国的友好。

郑和与国王在船上官员的簇拥下,首次登上西洋国。他对这里的风土人情极感兴趣,也对礼单上那些稀奇古怪的名字好奇。占城国国王打开礼箱,给郑和及船上的大臣一一介绍奇珍异宝。观赏过宝物之后,国王又宴请了郑和一行人。席间,郑和向占城国国王了解了许多关于风土人情的问题,对西洋国又多了一些认识。宴会结束后,郑和命令随从将中国青瓷荷盘100个,青瓷荷碗30只,纻丝20匹,绢绫20匹,以及其他许多金银珠宝回敬国王。郑和的这次占城国之行,为两国人民之间的友好往来、和睦相处打下了坚实的基础。

14. 郑和在哪里擒海盗留美名？

郑和在离开西洋国之后，继续向西行驶。在夜间航行的时候，一伙强盗驾驶小船靠近副帅王景弘的船，并利用王景弘贪图美色的弱点，抢走了船上的宝物及王景弘的官服。郑和知道这件事后，很生气，把王景弘训斥了一顿。

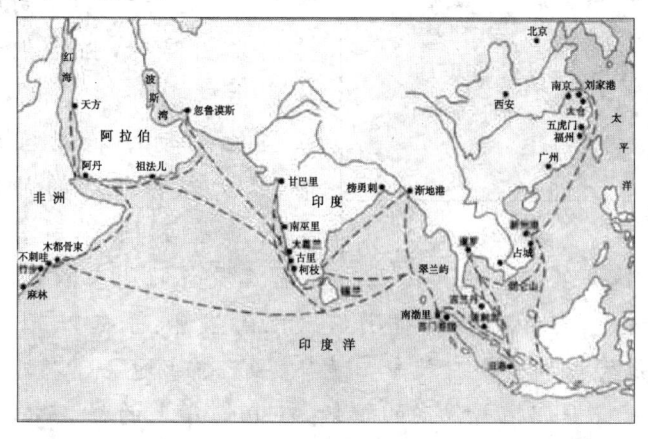

郑和下西洋路线示意图

没过几天，郑和的船队来到旧港国，送国书的使者回来说："旧港国城门紧闭，不欢迎大明国的使节上岸！"郑和听后很奇怪，因为旧港国一直同中国友好，不可能不见的。郑和马上又派人去打听，原来是抢走王景弘官服的那伙强盗，穿着抢来的明朝官服，抢劫了宝船，进了皇宫又抢走了公主。如果想要开城门，郑和他们必须首先要归还公主。

郑和听后很是气愤，居然有人如此大胆，以郑和的名义去干坏事。可气愤归气愤，当郑和听说这伙强盗

郑和宝船图

还要到宝船上抢劫后,一条妙计涌上心头。当天半夜,这伙强盗果然乘小船悄悄接近宝船。当他们的首领跳下水,从水中游到宝船附近发现宝船没有戒备后,马上游回岸边向强盗们发出暗号,强盗们迅速靠上宝船并爬了上去。正当他们动手抢劫宝物时,只听郑和所在的帅船上一声炮响,顿时,所有的舰船亮起火把,把大海照得通明。强盗们见事不妙,刚想逃走,郑和手下的将士们跃上海盗船,手起刀落,一伙强盗不到一小时就命归黄泉,强盗首领也被活捉。

将士们押着强盗的首领,在他们岸上的据点中,救出了旧港国的公主,并找到了王景弘的官服。第二天一早,郑和率领官员,护送公主,抬着礼物来到城下求见国王。在公主的帮助下,国王终于打开城门,欢迎大明国的使节。后来,郑和擒海盗的故事,就在此地到处流传开来,郑和的美名也从此传遍四方。

15. 郑和的墓在哪里?

郑和七下西洋的成功壮举与南京密不可分,他长期生活在南京,这几次出使西洋的大量准备工作都是在南京进行的。

郑和下西洋给各国带去了中国的金银器、瓷器和丝绸等物品,同时也带回了象牙和不少奇珍异宝、奇花异草等。明朝皇帝朱棣为了表彰郑和远航海外的功绩,下令在南京下关狮子山下建造静海寺,并在此供奉从各国带来的奇珍异宝,栽种奇花异草。这座静海寺建成后,号称"金陵律寺之冠"。郑和晚年曾在此居住1433年郑和病逝,为了纪念这位中国古代伟大的航海家,人们将郑和葬在风景秀丽的南京牛首山南麓。郑和的墓圹高8米,由群山环抱,站在墓前可远眺长江。郑和本姓马,是回族人,信奉伊斯兰教。近年来,南京市有关部门在伊斯兰教协会的指导下,将郑和墓修缮一新。墓冢以及墓盖选用青质石栏砌成,后墙上镌刻:"郑和之墓"4个字,墓冢下有28级台阶,象征郑和出使海外前后共28年。台阶中有4处平台,寓意郑和访问了近40个国家和地区,每处平台又分7级台阶,标志着郑和七下西洋的光辉业绩。

郑和塑像

16. 郑和与哥伦布哪一个更伟大?

有人说郑和只是航海家,不是海洋探险家,不能跟哥伦布相提并论。这样讲是不全面、不客观的。郑和先后七下西洋,船队是边航行、边记载、边探索,同样是风险重重。哥伦布自小当学徒,当水手;而郑和是太监,出身在宫廷,在内宫有相当权力。哥伦布航海有强烈的个人奋斗意识,它的成功跟个人所得有很大关系;但是郑和则是为使中国富强,最多也是"朝贡贸易",以传友谊修好为主,因此船队所到之处深受欢迎,留下千古芳名。郑和之后,中国航海事业从顶峰跌入低谷,他的航海成就和著作以及档案,后来都以付之一炬而结束。哥伦布则不同,他是欧洲航海事业的开拓者,是一个时代的开始,他的壮举带来西方地理大发现、时代大变化。这是他俩生前都无法预料到的。

但是,郑和下西洋比哥伦布发现美洲大陆早87年,比迪亚斯发现好望角早83年,比达伽马发现新航路早93年,比麦哲伦到达菲律宾早116年。郑和的航海探险活动比所有航海家的航海活动都早。因此,可以说郑和是世界航海历史上最早的、最伟大的、最有成就的航海家。

17. 中国古代的航海壮举有哪些?

我国在古代称得上是世界上的航海大国。英国科学史家、中国科学史的"淘金者"李约瑟评价说,中国造船和航运的许多原理,早于西方1000多年,船尾方向舵的使用早于西方约400年,航海用的罗盘针早于西方

200年。这些都说明了我国对世界航海事业的发展作出了不可磨灭的贡献。在我国,浅海的航行从夏代就已经开始。据《竹书纪年》记载,夏朝第八代统治者帝芒,"东狩猎于海,获大鱼"。可见,当时帝王乘舟入海已是相当安全的了。春秋战国时期,齐国已大规模地在东海捕鱼。公元前485年,吴国曾派出海上部队进攻齐国,而在公元前482年,越国兵船就沿海航行入淮水袭击了吴国。秦始皇统一了中国以后,曾派方士徐福乘船出海寻找"长生不老之药"。秦始皇还曾于公元前210年的第五次巡行国内时,由江苏南部乘海船沿东海北上至山东芝罘半岛登陆。

在汉代时期,我国已开辟了与东南亚各国的海上交通。到了汉武帝时,西行的航线已经延伸到了印度洋沿岸,航程往返一次虽然要用两年以上的时间,但对当时的航海技术来说,已是具有相当的水平了。到了南北朝时,我国的海上交通范围已扩展到阿拉伯和波斯湾一带了。由此可见,中国古代的航海壮举,为我国的航海史掀开了波澜壮阔的一页,也为唐朝后期的航海家们打下了坚实的航海基础。

18. 唐朝以后中国的航海活动发生了哪些变化?

中国的航海史,是一部光辉灿烂的文明史,它为我们后人留下了一笔宝贵的财富。但事物总是处于一种不断变化的状态。那么,中国古代的航海壮举在唐朝以后发生了哪些变化呢?

中国的四大发明是人人皆知的,我国将四大发明之一的指南针运用于航海实践,是从北宋时期开始的,这比英国还要早近70年呢!这在公元1119年完成的《萍洲可谈》中就有着详细的记载和描述。其实,我国古代在指南针应用于航海以前,就已经知道通过观察日月星辰来辨明航海的方向和位置。《汉书·艺文类》这类天文类书籍中,就

指南针

有5部海中辨向的专著,多达136卷。郑和七下西洋中,就有"往返牵星为记"的记载。明代李翊著的《戒庵老人漫笔》里也记载了这种"牵星法"。

我国最早的航海图载于北宋《宣和奉使高丽图记》,《武备志》中也附有郑和第一次远航的航海图,此图已扬名中外,成为无价之宝。

15世纪末哥伦布横渡大西洋,16世纪初麦哲伦的环球成功,都与我国发明的指南针是分不开的。唐朝后期的航海壮举,与指南针的发明也是密不可分的,它又将中国华夏五千年的文明带上了一个新的高峰。

19. 大陆和台湾之间有桥吗?

大家都知道,台湾是中国领土不可分割的一部分,她与大陆隔海相望。

最新的考古发现证明,在1万多年以前的更新世晚期,台湾岛已经有人居住了。这些原始人群所创造的旧石器文化,同我国南部许多旧石器时代遗址出土的石器在基本类型和制作技术上都是相似的,距今6000—7000年的台湾大坌坑文化遗物,在我国沿海分布也很广泛。由此可见,台湾岛上的原始居民是来自大陆的。

那么,这些身穿树叶,手持木棒、尖石的新、旧石器时代的人们,是怎样从大陆经过台湾海峡到达台湾岛的呢?我想大家一定会说:"他们是坐船去的!"其实,从当时的生产力发展水平来看,让这些原始人制造木壳船,就像我们今天制造一艘光子火箭飞出太阳系到银河系旅游一样,都是科学幻想,不符合实际的。考虑到这种情况,有的科学家就大胆推测,台湾和大陆的联系当时是靠"东山陆桥"进行的。

什么是"东山陆桥"?"东山陆桥"又在哪里呢?"东山陆桥"位于福建东山岛以南,这里有一片浅滩,水深仅为40米,它和台湾的浅滩相连,至澎湖列岛最后到台南,构成了连接大陆和台湾的"桥梁"。在远古的时候,浅滩露出海面,即使有的地方被水淹没,在退潮的时候也会露出来。这些裸露着肌体的原始人群就是沿着这条陆桥,踏着泥滩,手持木棒,在族里一位老者的带领下,拖儿带女跋涉而过的。当他们在台湾岛上发现宽敞的洞穴和满树的香蕉时,就决定再也不回大陆,而在岛上定居下来了。

这样的推理要比想象他们航海到达台湾合理得多,但是东山浅滩是否能真的露出海面形成"东山陆桥",我们现代人是谁也没见过的。随着时代的发展,科学家通过对古代环境的研究必将获得更新的知识,从而对人类社会的可持续发展提供出强有力的理论和技术支持。

20. 希腊人是从什么时候开始海洋探险的?

希腊是一个美丽的国家,依山傍海,气候宜人。更为重要的是,希腊还是世界奥林匹克运动的发源地。希腊不仅是一个美丽的旅游国家,还曾经是一个有着悠久航海历史的国度呢!

从公元前2000年起,希腊人就称雄于海上。他们以巴尔干半岛、爱琴海岛和小亚细亚沿岸为中心,在包括北非、西亚和意大利半岛南部,以及西西里岛的整个地中海地区建立了一系列的奴隶占有制国家。公元前8世纪中叶到公元前6世纪末,由于人口增长,耕地缺乏,加之希腊人特别熟悉海洋这一自然环境的缘故,他们中间掀起了广泛的向海外移民的热潮。于是,从这个时候开始,海上活动的范围不断扩大。这期间,希腊人到达东起黑海东岸,西至现在的法国马赛,包括意大利半岛南部和西西里岛的一部分,南端已经达埃及的尼罗河和利比亚,北端直抵现今的阿尔巴尼亚亚得里亚海沿岸地区的广大地域,然后在这些地方建立起了上百个移民区。

虽然希腊人的海洋探险是以殖民扩张或移民为主要目的,但希腊人是一个航海的民族这一事实是无人能否定的。

21. 皮西亚斯是在什么背景下对北方海域进行探险的?

每一个航海的民族,都会涌现出伟大的航海家,中国有郑和,意大利有哥伦布,那希腊当然也不会例外。皮西亚斯就是希腊杰出的航海家之一。在公元前300年前,希腊人对海洋的了解还仅限于地中海周围,他们所掌握的航海学以及与航海学有关的天文学都是从腓尼基人那里学来的,那时他们把标志北极的北斗星称为"腓尼基人之星"。由于那时他们对海陆分布的知识了解极为有限,所以绘图技术也很原始。因此,希腊人所用的较完善的航海图是公元前850年前后希腊诗人荷马创作《奥德赛》时代的航海图。

皮西亚斯出生于公元前360年,他从小聪明过人,十分喜欢海洋。尽管我们现在看到的皮西亚斯时代绘制的地图是以腓尼基、小亚细亚、克里特岛、希腊和利比亚(非洲国家)为中心的地中海、黑海一带的地图,但它确实反映了当时人们对海洋的认识、对地球的认识和对整个世界的认识水平。尽管海图是粗糙的,但它也是几代航海人的知识积累,有这样的海图也是值得骄傲的。今天,我们所学英语单词中的一些关于海洋、大洋、海洋学等方面的单词,最早都是发源于希腊的。皮西亚斯就是在这种时代背景下,决心要进一步认识地球、海洋,从而到北方海域进行海洋探险的。

22. 皮西亚斯对海洋学的贡献有哪些?

皮西亚斯是2000多年前古希腊伟大的探险家、航海家、地理学家和天文学家。他既是通过大西洋进入北极圈的第一人,也是在北冰洋海域探险并进行科学考察的第一人,还是科学地阐明潮汐现象与月球作用有关的第一人。

根据历史学家们的准确推断,皮西亚斯是在公元前320年的3月至10月期间对大西洋的北方海域进行探险的。皮西亚斯在探险期间,曾在大西洋北岸进行过潮汐的测量,他记录了大潮和小潮的过程;更为重要的是,他在仔细研究后,科学地阐明了潮汐现象与月球的运动有关,是海洋科学中科学地揭示潮汐起因的第一人。皮西亚斯在这次大西洋探险期间,还曾进行过海洋生物的取样考察,最早记录了浓密的水母、硅藻明胶状态的特征、浮游生物等现象。尽管他这种取样考察并不是很有计划,但毕竟是对海洋生物最早的探索。皮西亚斯还在此过程中探索过磁偏差现象,发现了北极星其实并不在真正的极点上。也可以这样说,皮西亚斯是最早观察过这一现象的伟大的航海探险家。

皮西亚斯之所以伟大,就在于他敢做一些在别人看来是不可能的事情,虽然他还没有完全成功,但他的思想还是很先进的。皮西亚斯这个伟大的名字,我们确实应该铭记。

23. 北欧海盗时代是从何时开始的?

公元8世纪末到11世纪的中期,是斯堪的纳维亚海盗对欧洲各国进行海上贸易和抢劫商船活动的时期;这个时期,从海洋探险的角度来看,也是掠夺性海洋探险的时期。北欧的海盗几乎在一夜之间成了整个欧洲地区可怕的灾难。

北欧的海盗是异常凶猛的,他们不仅善于航海,而且更善于海战。这些海盗们在远航进行掠夺的时候,往往是数百条船同行,那气势简直不可一世。在英国的林第斯法恩岛上制造惨案的主要凶手就是北欧海盗中的丹麦人。由于那个时期英国还不具备与海盗抗争的实力,所以只能屈辱饮恨。这也说明,不管是哪个国家,落后就要挨打。对于丹麦的海盗来说,第一次掠夺的成功更刺激了他们贪婪的欲望。以后,几乎每年他们都要到英格兰进行骚扰抢劫。为了抢劫方便,他们干脆在英格兰沿岸建立了战略据点。他们不仅肆无忌惮地掠夺财物,甚至拿人的生命当儿戏,其所作所为到了令人无法容忍的程度,犯下了一系列血淋淋的罪行。

在盎格鲁·撒克逊的编年史中有这样的记载:"793年6月8日,异教徒掳掠屠杀,残酷地摧残了林第斯法恩岛上的上帝教堂。"这一惨案震惊了整个欧洲和基督教会。后来,史学家们就把这一天当作是北欧海盗时代的开始。

24. 谁给探险家带来了美梦?

马可·波罗像

马可·波罗是意大利的旅行家,出身于威尼斯商人家庭,其父一向在近东经商。1260年,他们迁往伏尔加河流域蒙古帝国西部的拔都汗国经商,后又向东方旅行;1265年到达蒙古帝国夏都的上都(今中国内蒙古自治区多伦县西北),与中国元朝的大汗忽必烈建立了友谊,并被忽必烈任命为大汗特使,访问罗马教皇。1269年回到威尼斯时,马可·波罗已经15岁了。第二年,他经过土耳其东部,穿过伊朗北部,进入阿富汗国境,休息一年后,离开阿富汗,攀登帕米尔高原,进入今天的中国新疆维吾尔自治区的喀什,沿着当时的丝绸之路来到了中国。在此以后长达17年的时间里,他留在蒙古帝国,足迹到过中国的黄河上下、大江南北、长城内外、云贵高原和其他许多名城。1295年的冬天,马可·波罗回到了阔别25年的故乡威尼斯,而故乡亲友邻居以为他早已不在人世。马可·波罗成了当时的传奇人物。

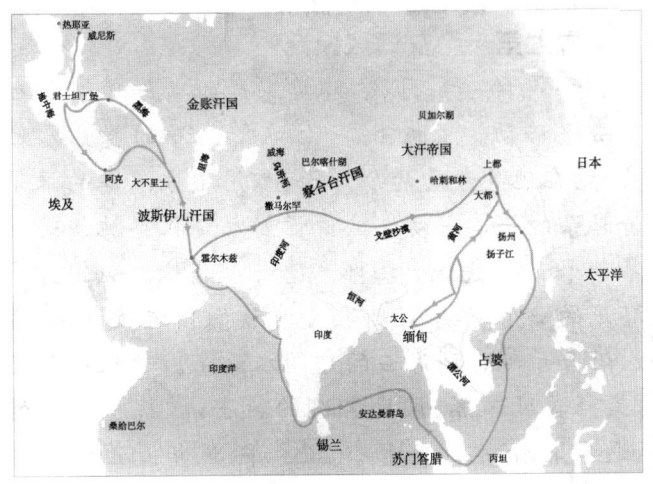

马可·波罗游历路线示意图

1298年,威尼斯与热那亚发生战争,马可·波罗出资造了一艘战舰,并亲自任舰长参加了战斗,结果威尼斯大败,马可·波罗被俘,他被关押在阴森的监狱里。在狱中,他对东方20多年的传奇生活非常留恋,于是在另一位囚犯作家的帮助下,写成了《马可·波罗游记》。

该书出版后一下子成了世界一大奇书,对沟通东西方文化和以后海上新航线的开辟有着巨大的影响。它是13—14世纪的欧洲人认识东方世界最有价值的书,欧洲的探险家枕边都放着这本书。《马可·波罗游记》对欧洲人的最大诱惑力便是书中将东方描绘成黄金遍地、珠宝成堆的神奇世界。哥伦布就是受这本书的诱惑而投身航海事业的第一位探险家。所以说,马可·波罗的这本游记为航海事业的发展起到了推波助澜的作用。

25. 世界上第一个女海盗是谁?

1349年的一个月夜,阵阵海风推着一艘帆船在海面上缓缓移动。甲板上,一位衣着素净的贵妇人伫立船头,站在她身旁的两个儿子,都用十分焦虑的眼光注视着母亲的一举一动。这位贵妇人是谁?她便是世界上第一个女海盗——让娜·德·贝利维。她出身于布列塔尼的一个望族,从小接受贵族的传统教育,常常一个人泛身于英吉利海峡的广阔水面上。她从小酷爱刀枪,崇拜威风凛凛、风度翩翩的骑士,练就出刚毅的性格,遇事果断,临危不惧。1335年,风华正茂的她嫁给了布列塔尼的贵族青年爱利维·德·克里松。然而第二年,英法百年大战开始,她的丈夫克里松由于支持莫恩佛尔争夺爵位被捕入狱,不久被判死刑,死于法国国王之手。

贝利维悲愤中毅然向英国国王要了3艘舰船,从此在英吉利海峡上寻找复仇的机会,成为一位闻名遐迹的女海盗。贝利维不仅袭击法国的商船,她还向法国的皇家战舰发起攻击。贝利维的海盗舰队战必胜,攻必克,给法国的商业活动带来了无法估算的巨大损失,贝利维的形象在他们心目中简直成了死神的代名词。在法国,她被人称为英吉利海峡凶残的"母狮"。

后来,贝利维因为一系列原因结束了她的海盗生涯,但由于莫恩佛尔的庇护,她并没有受到任何惩罚。

26. 从未航海的航海探险家是谁?

在世界航海史上涌现的诸多航海家中,有一个虽然多次组织和领导了海上探险,但从未进行过长距离海上航行的人,却在数百年后被人们尊称为从未航海的航海探险家。这位特殊的航海探险家就是葡萄牙的亨利王子。

葡萄牙国王的三公子亨利年轻的时候,正值葡萄牙摆脱异族统治、建立王国的时代,好战的葡萄牙贵族非常热衷于海上探险和进行殖民扩张。公元1415年,年仅20岁的亨利王子,参加了葡萄牙人对非洲西北海岸的休达城的探险。亨利王子从休达城回国后,就成了葡萄牙天主骑士团的头领。这是一个半宗教半军事的组织,拥有雄厚的资金。公元1418年,亨利王子隐居到葡萄牙西南部一个边陲之地,在那里建造了一座天文台,并开办了一所航海学校。

在航海学校中,亨利王子聘请天主教的犹太地理绘图家、数学家和天文学家来担任教员,教葡萄牙水手学习使用海图和绘制海图,从而使葡萄牙人在以后的两个世纪里,在航海制图方面独领风骚。同时,亨利王子还聘请欧洲最好的航海家和造船师,来校讲学和研制更适合于航海的轻便帆船,以满足航海的需要。

公元1419年,即航海学校创办的第二年,亨利王子就派出了第一支航海探险队,在离葡萄牙本土西南900千米外的大洋中发现了马德拉岛。在航行中,葡萄牙的轻便帆船还创造了一次航行航程达3500千米的纪录,这是欧洲航海史上第一次有记载的远航记录。亨利王子派出的探险队占领了大西洋东部海域的4个面积可观的群岛,并把它们划入葡萄牙的版图。这对当时欧洲的探险活动来说具有重大的意义。

亨利王子于1460年去世,他不仅对葡萄牙当时的社会发展发挥过重大作用,而且对葡萄牙后来航海事业的发展乃至对世界航海探险活动都产生了重要的影响。亨利王子在前后45年的时间里所组织的航海活动中,为葡萄牙培养和造就了一大批富有经验的航海家,使葡萄牙商船一跃成为世界上首屈一指的船队。直到现在,葡萄牙人民还非常怀念这位从未航海的航海探险家。

27. 是谁发现了好望角?

　　大家一定听说过"好望角"这个名字,可这个地方最早是由谁发现的呢?这个人就是葡萄牙航海家巴托洛梅乌·迪亚斯(公元1450—1500年)。15世纪中期,原先东西方的贸易有一条陆上通道,后来被土耳其人控制了,这些商品一经他们之手就价格暴涨。因此,欧洲人急需一条通往东方的海上航线。迪亚期就是这个时代寻找"东方航线"的探险家。

　　1486年,葡萄牙国王约翰二世任命迪亚斯为新的探险队队长。公元1487年8月,迪亚斯率领一支由3艘船组成的探险队离开里斯本,沿着非洲西海岸南下,绕过非洲,去开辟一条通往印度的航线。他们越过南回归线后,发现了东部海岸线,他们在一个小港里抛锚,

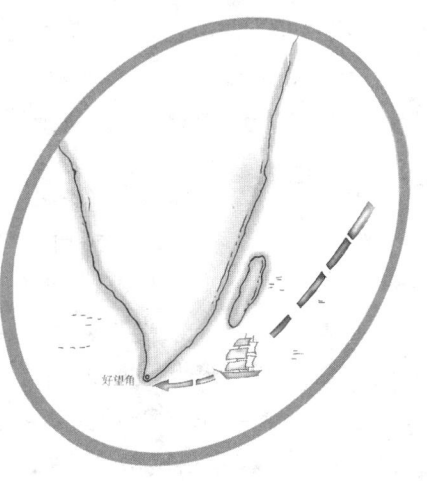

迪亚斯探险船队到达好望角

在那里立了一块刻有"小港"字样的石碑后,又继续南下进入一片没有人航行过的海域。在向南航行的过程中,迪亚斯发现海水越来越凉,便下令调转船头向东驶去,但连续航行了数日仍不见大陆。迪亚斯又命令船队向北行驶;一个月后,他们发现了东西走向的高耸山脉,迪亚斯断定,船已处在印度洋中,通往印度洋的航线终于找到了。于是,他又在岸上立起第二块石碑,准备继续航行,去寻找东方神秘的印度。

可是,他们遇到了长时间的狂风巨浪,航行极度危险,船员们都要求返航。迪亚斯一看众愿难违,只好返航。在归途中,风暴不断袭来,迪亚斯在狂风巨浪中发现了一个伸入海洋很远的海角,立即上岸避风,并在这里竖起第三块石碑,把这个海角称为"风暴之角"。这个"风暴之角"就是现在人们所说的"好望角"。历史学家和地理学家都认为,迪亚斯终于找到了通往东方航线的"钥匙",为后来的航海事业作出了巨大的贡献。

28. 哥伦布的航海动机是从哪里来的?

每一个国家和民族,都有着本民族特有的历史传统和特点。我们中华民族是一个有着5000多年文明史的古老民族。一提起中国,人们就会想到四大发明;如果说起与我们遥遥相望的葡萄牙,大家会想到什么呢?

葡萄牙是一个在世界航海史上有着重要地位的国家,它也是世界航海发展最早的国家之一。14世纪以后,葡萄牙的首都里斯本就成为一个为了寻找新大陆的探险家们的集中营,里斯本的港口也变成了当时世

海洋探险

哥伦布像

界上最繁华的港口。

葡萄牙人最引以为自豪的人物就是15世纪世界著名的航海家、新大陆的发现者克里斯托弗·哥伦布。虽然哥伦布在意大利出生,但他在5岁时就随家人来到了葡萄牙。哥伦布是怎样从一个不懂事的孩子变成一个航海家的呢?他又是怎样对航海产生兴趣的呢?

原来,哥伦布在14岁的时候就到商行工作了,商行里的工作条件十分优越,哥伦布利用这种优越的条件在这期间学到了许多关于天文、地理、数学、物理、化学方面的知识,以及葡萄牙语和英文。这些基础的科学知识为他后来的航海事业打下了坚实的基础。后来,在中国生活了17年的马可·波罗将他的所见所闻写成了《马可·波罗游记》一书,使西方人对神秘的东方古国产生了巨大的兴趣。当然,这本书也给哥伦布带来了很大冲击力,使他萌发了要远航去寻找神秘东方的想法。马可·波罗书中描述的东方是十分美丽的,那里遍地是黄金,到处是香料,许多西方人都信以

古代海洋探险

35

为真。当时,很少有人相信航海家所提出的地球是圆的理论,但哥伦布确信不疑。在这种理想的鼓舞下,哥伦布从1492年起开始了他一次又一次伟大的航海壮举,也正是哥伦布当时的这种动机,才为世界航海史增添了光辉灿烂的一页。

29. 哥伦布是从何时开始从事航海活动的?

根据哥伦布1492年首次横渡大西洋时所撰写的《航海日记》记载,哥伦布自己说他在此之前已经在海上航行长达23年之久了,这样说来,哥伦布早在1469年就已经开始海上航行生活了。按照常理,历史事件应以当事人自己的说法为准,但是,还应对具体的历史事件做出具体的分析和科学的判断,因为历史上常有人夸大事实,自我炫耀,以达到哗众取宠或突出自我的目的。因此,有的历史学家也就根本不相信哥伦布的说法,认为其中难免会有夸大的成分。而根据一些文献记载,说是在1469年的时候,哥伦布还未离开过热那亚,所以也就无从谈起航海之事了。不过,也有人说哥伦布早在1465年就已经开始了海上生涯,只不过当时不太出名罢了。

30. 哥伦布到底是在什么地点首次登陆的?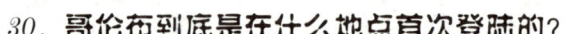

1492年10月12日早晨,哥伦布首次横渡大西洋,抵达南美海岸登陆。但是,究竟什么地方是哥伦布一行首次登陆的地点,却历来说法不一。人们几乎普遍认为位于北纬24度的瓜纳哈尼岛(即现在的圣萨尔瓦多岛)是哥伦布首次横渡大西洋的登陆地点。但是,一些

地理学家对此却持否定态度,认为哥伦布在圣萨尔瓦

哥伦布登陆

多首次登陆没有充足理由,并认为至少有5处可以被称作是哥伦布第一次登陆的地方,还认为确认哥伦布第一次登陆的地点,取决于哥伦布从瓜纳哈尼岛前往古巴航线的变化。这样一来,哥伦布首次登陆的地点又变成了一桩历史悬案。

31. 谁是欧洲和美洲航线的开拓者?

克里斯托弗·哥伦布于1451年出生于意大利,他5岁时随家人迁到葡萄牙。就是在这里,他成为伟大的航海家、新大陆的发现者。

哥伦布从小就热衷于航海事业,长大后他不只一次地参加远航,到过许多国家,成了一个很有航海经验

的船员,还通过自学能够用4种文字进行阅读。

为了寻找通往印度的最短航线,哥伦布制定出经过加那利群岛一直往西航行到达印度的计划。1492年,他的这项计划得到了葡萄牙国王允许,于是,哥伦布率船队驶出帕洛斯港,10月12日来到大西洋彼岸。随后,哥伦布又发现了古巴和海地岛,他认为这就是他寻找的印度的一部分。翌年3月15日,哥伦布回到葡萄牙,带回了发现西印度这一令人振奋的消息,还带回了许多黄金和欧洲人从未见过的岛民。人们把这些岛民称作"印度人"。

后来,哥伦布又进行了3次探险,先后发现了南美大陆,大安的列斯群岛的古巴、海地、牙买加和波多黎各,巴哈马群岛的中心地带和小安的列斯群岛的大部分岛屿,以及加勒比海的其他主要岛屿。哥伦布的这些航海壮举为人们后来发现西部的两个大陆——北美洲和南美洲奠定了基础。正因为如此,人们才把哥伦布称作一个具有划时代发现的伟大航海家,哥伦布也不愧为欧洲与美洲航线的开拓者。

32. 是谁发现了"海上草原"？

"海上草原"就是指海水中马尾藻的数量很多，从远处看整个海洋好像被绿草覆盖着一样，于是人们把这样的海域称为"海上草原"。

"海上草原"是谁最先发现的呢？他就是伟大的航海家哥伦布。1492年8月3日，哥伦布在寻找东方大陆的航海中，从帕洛斯港向西行进行探险。9月6日，船队离开了戈梅腊岛，驶向了以往人们一无所知的西大洋，这就是哥伦布的第一次远航探险。

船队航行了几天之后，水手们所见到的仍然是无边无际的海洋，大家不免有些灰心了。9月14日，船员们忽然意外地发现有一些水鸟总在船的四周飞翔。哥伦布凭多年的航海经验，告诉大家，陆地或是岛屿就要出现了。果然不出所料，他们终于看到了陆地，大家都很兴奋。可是，忽然间船员们发现船的行驶速度变慢了，而且天气也变得越来越热了。正在大家为此感到纳闷时，突然之间，人们发现海水中有大片大片的绿水草，这些水草长得非常茂盛，从远处看好像整个海洋都被它们覆盖着，仿佛船队是在草原上航行一般。大家都被眼前这种神奇的景象吸引住了，既顾不得十几天来的艰难航行，也不顾炎热难耐的天气了，一起在甲板上欢呼、跳跃。

哥伦布望着这片"绿色的草原"，也异常兴奋，随即将它命名为"海上草原"，以示纪念。哥伦布航行的这个"海上草原"实际上就是现在的亚热带马尾藻海,它最早就是由哥伦布发现的。

33. 是谁建立了美洲的第一块殖民地？

哥伦布是船队的总督,他需要发现和建立新的殖民地,即使是他的第一次航行也不例外。

当哥伦布的船队用了两个星期的时间离开马尾藻海之后,又继续向前航行了。为了调动大家的积极性,哥伦布向水手们宣布:谁是第一个发现陆地的人,就奖励给谁一年的薪水。他的这一方法果然管用,既稳定了军心,又使水手们值班的警惕性提高了,水手们都想成为那个第一个发现陆地的人,大家工作都很认真。

10月12日凌晨2点,睡梦中的哥伦布被值班的水手罗德里戈·德特里阿纳的一阵阵叫喊声吵醒,他冲向甲板,借着月光向远处一看,果然见到了平坦的沙滩和高低起伏的山地。船员们终于见到了陆地,激动地相互拥抱。

黎明到来的时候,他们登上了这个海岛。这里地势平坦,绿树成荫,景色十分迷人。这就是巴哈马群岛的瓜纳哈尼岛。岛上隐约有几个印第安人,起初都躲在树后,后来发现这些"怪人"言谈举止都很和善,就不再害怕了,而且有几个大胆的还主动跟这些欧洲人做起了交换贸易。

就在这个群岛上,哥伦布将最原始的烟草带回了欧洲;也就是在这里,哥伦布开创了第一个殖民地,它是欧洲人在美洲建立的第一个居民点。

34. "伊莎贝拉"殖民地是谁建立的？

哥伦布第一次远航获得巨大成功之后，于1493年9月25日又开始了他的第二次远航，这次远航的主要目的地是传说中的"印度"，并在那里建立一个新的殖民地。

这次航行的规模远远大于上次的航行，共有17艘船，1000多名随船人员。这其中包括军人、官员、神父、主教、农民等等，除此之外，还有牲畜和农作物。11月3日，船队发现了一些海岛，在这里做了短时间的休整。

哥伦布认为这次航行是上帝助他一臂之力，使他顺风顺流，一路平安。他激动得常常跳到甲板上，虔诚地祈祷，感谢上帝，感谢上帝的赐予与帮助。他将船员们分成几个小组，每个小组从不同的路线选择登陆，建造营房，开辟工地，着手准备建立另一个殖民地。他们从四周将小岛包围起来后，哥伦布就以葡萄牙王后的名字将这一新的殖民地命名为"伊莎贝拉"。他命令水手们升起葡萄牙的国旗，留下足够的人员、牲畜和农作物，让他们在这里生活、劳动。

"伊莎贝拉"殖民地，也就是现在的多米尼加共和国北部，哥伦布将这里安置好之后，交给了他弟弟管理，而他自己则率领着其他人员返回了葡萄牙。

35. 哥伦布之谜有哪些？

哥伦布是一位伟大的航海家，为开辟欧美航路作出了重大的贡献，并以"发现了新大陆"的美名载入史册，其人其事，举世闻名。可是，在哥伦布身后，许多关于哥伦布的著作，对有关哥伦布的某些问题往往是各执一词,众说纷纭,莫衷一是。因此,哥伦布其人其事就给人们留下了许多不解之谜。那么,你知道哥伦布之谜有哪些吗?围绕哥伦布之谜的问题主要有以下几个方面:有哥伦布的国籍之谜,出生年月之谜;有哥伦布受教育状况之谜;有哥伦布从事航海活动之谜;有哥伦布抵达葡萄牙之谜;有哥伦布与拖斯堪尼里通信之谜;有哥伦布投奔西班牙之谜;有西班牙王后是否支持哥伦布航海之谜;有西班牙国王授予哥伦布海军职务之谜;有哥伦布首次探险目的之谜;有哥伦布首次登陆之谜;有"哥伦布木桶"之谜;有哥伦布画像之谜;甚至连哥伦布最后葬身何处也是一个谜。

36. 哥伦布是哪国人?

国籍是指一个人所具有的属于某个国家的身份。如中国人属于中国国籍,德国人属于德国国籍,等等。一般说来,世界上每一个人的国籍就像身份证一样,都是明确而且固定的。但是,由于历史的原因,有些人的国籍就比较难以确定。15世纪著名的大航海家哥伦布的国籍,几百

年来一直就是一个未解之谜。据不同的文献记载,有的说哥伦布是意大利人,但又有的文献记载说,在1504年,西班牙国王曾经同意哥伦布加入西班牙国籍。按理说,这应该算西班牙的光荣才对,可是,在西班牙国内,西班牙人却一直对此不予承认,而把哥伦布当作外国人。因此,在现行的有关哥伦布的著作中,有不少作者都有意无意地回避了哥伦布的国籍问题,而心照不宣地只把哥伦布说成是热那亚人。作为一个举世闻名、功垂后世的大航海家,哥伦布总会有一个固定而明确的国籍的,只不过这既需要有相当明确的文献证据,又要获得公认才行。

37. "哥伦布木桶"命运如何?

1493年,在哥伦布从美洲返回西班牙的途中,突然遭遇到恶劣的天气,哥伦布一行乘坐的"尼尼亚"号船在海上风暴中剧烈摇动,差一点翻船沉没。为防止首次航海探险成果毁于大海,也为了让后世航海家吸取经验和教训,哥伦布急中生智,把船航行经过的路线与岛屿和新发现的土地情况等,简要地写在了一张羊皮纸上,然后用蜡布包好,装入一个密封的空木桶中,像掷漂流瓶一样把木桶投入大海中。历史上就把这只装有哥伦布亲笔签写的航海情况报告的木桶,称作"哥伦布木桶"。那么,这只"哥伦布木桶"到底命运如何呢?有些关于哥伦布的航海探险著作中说,迄今为止,人们还没有发现这只木桶。可是,另据有关资料记载,这只"哥伦布木桶"在海上漂流了359年后,在1852年被一个美国船长在直布罗陀海域发现。究竟应该相信谁的呢?

38. 哥伦布是哪年出生的?

为了纪念伟大的航海家哥伦布,世界各地的人民总会以各种方式表达自己的敬意和怀念之情。可是,哥伦布的出生年份问题却至今无法得出一个满意的回答,因而也成了哥伦布研究的一个难解之谜。关于哥伦布出生年份的推测,有从1435年到1456年,前后相差20多年的各种说法。这样一来,各种著作家根据哥伦布不同的出生年份,对哥伦布也就做出了不尽一致的描写和叙述。人们不禁会问,1492年哥伦布横渡大西洋时,到底是一个什么样的人?是一个风华正茂的青年人(生于1456年),还是一个精力充沛的中年人?或者是一个像许多传记作家所描写的已是一位年满57岁(生于1435年)的白发老人?这个问题,恐怕就连九泉之下的哥伦布自己也无法回答清楚了。

39. 关于哥伦布首次探险的目的有哪几种说法?

1492年8月3日拂晓,哥伦布率领由87人组成的船队,从帕洛斯港起航,踏上了他首次横渡茫茫大洋的漫漫征程。然而,这样一次隆重的海上探险航行,关于它的目的,却有不同的说法,也给世人留下了一个难解之谜。有的人认为哥伦布此次航海的目的是寻找进入印度的新航路,有的说法是寻找位于亚洲的印度,而有的历史学家则否认哥伦布的首次航海目的是把亚洲作为自己探险的目标。但不管怎么说,哥伦布第一次航海对"新大陆"的"发现"毕竟是历史上的第一次,只不过关于哥伦布首次探险目的之谜,却一直困惑着人们。

40. 西班牙王后是否一直支持哥伦布探险?

1484年,哥伦布在遭到了葡萄牙国王约翰二世拒绝实施远航计划后,就匆匆地离开了葡萄牙而来到了西班牙,谋求西班牙对他的远航计划的支持。要知道,哥伦布从酝酿远航到实施远航,前后经历了18个春秋,最后取决于西班牙女王的支持。但人们却对西班牙王后支持哥伦布有不同的看法,有的人认为西班

支持哥伦布探险的西班牙王后像

牙王后并不是一开始就同意支持哥伦布远航探险,只是在关键时刻由于财政大臣圣坦吉尔说服了王后,才获得最终的支持。可是,也有的人认为西班牙国王和王后曾有组织船队进行远洋航海探险的考虑,同时也担心哥伦布获得英国和法国的支持,于是才同意支持哥伦布远航探险。无论如何,哥伦布首渡大西洋的成功和发现"新大陆"的功劳,是和西班牙国王和王后的大力支持分不开的。

41. 哥伦布的纪念日是在哪一天?

大家都知道哥伦布是世界上伟大的航海家和探险家,他发现美洲大陆对人类社会的进步作出了巨大的

贡献。

在美国的绝大多数地方都把10月的第二个星期一定为法定假日——"发现日"或"发现者节"。正是在1492年10月的这一天,哥伦布经过数十天的艰难航行,终于踏上了南美洲的巴哈马群岛,后来,人们就将这一天定为哥伦布"发现"美洲大陆的日子。在这个具有历史意义的事件发生400年之后,美国总统哈里森在1892年把每年的10月12日这一天定为"公众假日",此后,美国"公众假日"的这一习惯一直延续到今天。

42. 哥伦布对人类有哪些贡献?

在哥伦布的4次探险中,虽然都是以建立殖民地为主要目的,但是,他在航海史上的贡献也是巨大的。他第一次横渡了大西洋,穿越了热带和亚热带的海域;他第一个进入具有"美洲地中海"之称的加勒比海;他第一个发现大安的列斯群岛,为欧洲殖民者开辟了通往美洲进行殖民掠夺的新航线;虽然他没有找到印度大陆,但却"发现"了美洲。

哥伦布的探险,另一个伟大的贡献就是给欧洲人的饮食带来了革命性的变化。15世纪以前,欧洲人的饮食只有寥寥几种面包、卷心菜和奶酪等。1493年,哥伦布从印第安人那里带回了土豆、玉米、南瓜、菠萝、辣椒等,使欧洲人大开眼界,知道了世界上原来还有这些好吃的食物。

哥伦布的4次航海探险,不但发现了"新大陆",还找到了欧洲到美洲的航线,为后人留下了一笔宝贵的财富。

43. 麦哲伦在太平洋上漂流了多少天？

提起麦哲伦的环球航行，大家都不陌生。据史料记载，当麦哲伦的船队驶入南海后，船员们异常兴奋。船队又朝北继续航行，越过赤道后转向西航行。这一路上风平浪静，无边的大海没有一点波澜，麦哲伦就把这里命名为"太平洋"。

这个季节是太平洋一年中最好的时光，海面平静如镜，船

麦哲伦像

队如同在一面望不到边的大玻璃板上航行。水平线所呈现出的是半圆形，船队在没有风的日子中航行速度是很慢的。

在麦哲伦的指挥下，船队的航行一天又一天，一月又一月，而面前的太平洋始终是无边无际的。在长时间的航行中，船上的粮食和淡水越来越少，船员们的营养也得不到保证，许多人开始患了坏血病，牙龈发炎、化脓、脱落。麦哲伦虽然也得了这种病，但他比其他的人幸运得多，靠着坚强的意志终于挺了过来。

1521年3月6日,麦哲伦的船队在太平洋上漂流了100天之后,终于见到了有人居住的岛屿,这个岛屿所在的位置,就是今天马里亚纳群岛中的关岛。

44. 世界上第一个环球航行的人是谁?

坚信"地圆说"的哥伦布,虽然没有实现实际环球航行的梦想,也没有证实地球是圆的,但是他对航海的贡献还是巨大的。哥伦布死后,不断有人去寻找从美洲通向太平洋的航道,然后穿越南海,到达香料之国印度。麦哲伦就是那个时代的航海家,他被认为是第一个环球航行的人。

麦哲伦船队登陆场景

麦哲伦是葡萄牙人,从小在王宫中当侍童。他常听到关于航海的故事,懂得了一些航海知识,因此对航海发生了浓厚的兴趣。人们常说兴趣是最好的老师,麦哲伦就是在这个兴趣的指引下,参加了一次又一次的航海,积累了许多丰富的航海经验。就在这时,麦哲伦向国王提出环球航行的设想,但国王对此却无动于衷,无奈之下,心灰意冷的麦哲伦离开了祖国,来到了西班牙。在西班牙,麦哲伦受到热情款待,西班牙国王非常赞同他的航行计划,与他签署了航海协定,并动用国库为麦哲伦准备了5艘船及够用两年的粮食。

公元1519年10月20日,麦哲伦的船队起航了。船队共有5艘船,他的战舰是"特里尼达"号,其他4艘分别由西班牙船长驾驶。船队驶出瓜达尔基维尔河的河口,经过加那利群岛向巴西海岸航行。11月底,船队到达南美洲的东部海角。1520年1月,船队到达拉普拉塔河附近,然后继续南下。在圣胡利安港过完冬天后,麦哲伦船队在南纬57度的地方发现了一个通向西方的海峡。麦哲伦沿着这个海峡的北岸继续向前航行,38天后,终于找到了通往南海的海峡,这就是现今以他名字命名的麦哲伦海峡,并发现了这个海峡的出口——希望角。

1520年11月,麦哲伦率领剩下的3艘船经过太平洋来到宿务岛。为了阻止岛内统治者之间的内讧,麦哲伦下令放火烧毁一个村庄,结果激怒了村民,他们用大斧砍死了麦哲伦,于是结束了麦哲伦的环球航行生涯。麦哲伦死后,巴尔波查继续带队航行,于1522年9月6日返回西班牙,完成了环球航行的计划。

45. 麦哲伦是怎样制服船长叛乱的?

在航海探险中,有时并不是一艘船独自前往,而是由好几艘共同组成船队,每艘船上都有自己的船长,这样就难免会在船长之间产生这样或那样的意见分歧,有时甚至引起战斗。有这样一位探险家,他靠智勇制服了船长们的叛乱,从而使船队顺利完成了任务。他就是世界著名探险家——麦哲伦。

麦哲伦在环球探险航行中指挥着4艘船共同前进,当他们航行到圣胡利安湾的时候,船上的食物越来越少,生活很艰难。麦哲伦只好下令减少食物和酒的供应。这下惹恼了"康塞逊"号船的船长和几个视酒如命的船员,他们密谋要收拾麦哲伦,并抢占"圣安东尼奥"号给养船。这几个人趁着天黑乘小船爬上了"圣安东尼奥"号,并迅速占领了它。叛乱阴谋得逞后,卡尔塔海纳船长命令一位军官带一批武装水手划小船通知麦哲伦返航。麦哲伦听到他的叫喊后,从声音中判断出这些家伙有点心虚,便马上对叛乱小船上的军官说:"你上来吧!外面天太冷,有话好商量,我们正准备明天返航呢!"

这位军官归心似箭,听到麦哲伦心平气和地与他讲话,马上放心上船了。其实,麦哲伦早有布置,他们一上船马上就被抓住缴械,押到舱内。他又让忠于自己的司务长和保安率5名精悍的水手,划船给卡尔塔海纳送信,卡尔塔海纳一看只有7个人,心里放松了警惕。司务长乘机对他说:"麦哲伦队长说了,请你们到旗舰上谈判,我们是来送请帖的。"船长迫不及待地想知道麦哲伦信上说些什么,当他看请帖的时候,保安官以迅雷不及掩耳之势,用匕首割断了他的咽喉。最后,叛乱船上的情况得到及时控制,麦哲伦以他的智勇制服了这次船长叛乱。

46. 麦哲伦看到南海为什么流泪?

　　那是1519年10月中旬,正值南半球的初春时节,航行中的麦哲伦下令船队向南驶去。3天之后,在船队的前面出现了一个海岬,过了这个海岬之后,出现了一个很深的海湾。这里既有悬崖断壁又有白雪群山,很危险。船员们都想赶快离开这里,但麦哲伦的想法跟大家不同,他派出两艘船深入海湾探路,但必须在3天之内赶回来。当时的天气十分恶劣,狂风巨浪,大雨倾盆,麦哲伦日夜不安地等着探路的消息。3天过去了,丝毫不见他们的影子。

　　第四天清晨,巡船的哨兵惊喜地大喊:"他们回来了,他们回来了!"麦哲伦在询问两位船长时得知,在海岬的尽头,有一条海峡,越往里走,海峡越宽,而且水流越急,有潮涨潮落的规律。他当即下令4艘船驶进那

麦哲伦的船队在海上

个海峡。

  这条海峡迂回曲折，水波汹涌。宽的地方有几千米，窄的地方只有500米，两岸山峰高耸入云，还有些居民在点火生烟。1519年11月28日，麦哲伦指挥的"维多利亚"号开往西南方向的支流，驶出500多千米后，突然间在人们的眼前出现了波涛汹涌、一望无际的南海。麦哲伦万分兴奋、激动不已，这位坚强的钢铁勇士忽然一条腿跪在甲板上，竟然流出了两行热泪。他对海面大声喊着："南海，南海，我终于见到你了。"

  这条海峡后来被命名为麦哲伦海峡。

47. 为什么说麦哲伦是伟大的航海家？

  费尔南多·麦哲伦出生于1480年，他是一个土生土长的葡萄牙人。1496年，16岁的麦哲伦就以水手的身份参加了对东印度和马六甲的征服活动。从此以后,麦哲伦决心将自己全部的精力放在航海上,这伟大的誓言使麦哲伦后来成了一个伟大的航海家。

麦哲伦是一个有着强烈探险精神的人,他将探险中的危险和困难全部置于脑后,全身心地投入到他热爱的事业中。麦哲伦以常人难以想象的毅力,用了98天的时间,航程13000千米,横渡了我们这个地球上最大的海洋——太平洋,为人类认识海洋、了解海洋打下了坚实的基础。他提出:太平洋是世界上最大的洋,它比任何陆地都要大。

麦哲伦的航行,告诉了与他同时代的人:地球是圆的,用船是可以周游世界的。在航海家的眼中,麦哲伦是一个可以创造先知的人,是能够战胜一切困难的人。他乘坐"维多利亚"号完成了首次环球航行,将人类认识地球、认识海洋的活动推向了一个新的高潮。麦哲伦去世20年之后,历史学家贡萨洛·费尔南德斯·奥维埃写下了这样一段话来歌颂麦哲伦:"'维多利亚'号所循的航迹,是从上帝创造了第一个人并把世界安排到我们今天的时代以来的一个最不可思议的事情,是一个最大的奇迹。自从人类的始祖诺亚航海以来,人们从未听说过,也不曾见过一件事比这次航海更著名。"

48. 第一个航行到印度的西方人是谁?

达伽马是15世纪末和16世纪初的葡萄牙航海家,是开拓了从欧洲绕过"好望角"通往印度的地理大发现家。

达伽马出生在一个名望显赫的航海贵族世家,他在青少年时代就爱大海,对航海有着强烈的兴趣,并接受过训练。1492年,葡萄牙国王将开拓通向东方印度航线的重任交给了达伽马,他决心继承父志,率领船队出海。

1497年,达伽马率领船队从里斯本港出航,船队循着迪亚斯10年前开拓的航线,先来到"好望角",然后迂回曲折地驶向东方。此时巨浪滔天,水手们都有些畏惧,达伽马凭借着自己的经验战胜了困难,终于绕过了"好

达伽马率队出航

望角",驶进西印度洋的非洲海岸。1497年圣诞节,他们来到南纬31度附近一条高耸的海岸线前,达伽马给它取名叫"纳塔尔"(葡萄牙语"圣诞节")。今天,南非还有个省叫"纳塔尔",就是由此而来的。

达伽马雄心勃勃继续北上,于5月20日到达印度南部大商港卡利卡特,这里刚好是半个多世纪前中国航海家郑和率船队七下西洋时停泊的地方。因受当地统治者的歧视,达伽马只好于8月29日,带着肉桂、香料和十几个印度人返航。1499年9月,船队回到里斯本,达伽马胜利完成了任务。

49. 达伽马是怎样当上印度副王的?

达伽马是最早航行到印度的西方人,他后来是怎

样当上印度副王的呢?

那是达伽马从印度回到葡萄牙后,听说留在那里的葡萄牙人都被当地人杀害了,于是他又奉命到那里进行复仇。1502年2月,达伽马率船队离开了葡萄牙。达伽马是个很有头脑的人,船队到了基尔瓦(现在的坦桑尼亚)后,他谎称要在船上设宴款待国王埃米尔,说是商量两国

达伽马像

之间通商的事情。把国王骗到船上后,他马上命人将埃米尔押起来,强迫他向葡萄牙国王进贡。国王起先不答应,但当他发现反抗没有用时,只好答应了达伽马的要求,他这才被释放。

为了减少阿拉伯商人在印度半岛的贸易利益,达伽马命令卡利卡特城的统治者驱逐阿拉伯人,并向海上的阿拉伯人船队发起进攻。1503年2月,达伽马满载着从印度西南海岸掠夺来的大量名贵香料,乘船返回葡萄牙。达伽马的两次印度之行,实现了葡萄牙国王统治印度的目的,很受国王的赏识和认可。就这样,1524年,他被国王任命为印度副王,4月份,他以葡萄牙驻印度总督的身份第三次远航印度。但是不幸的是,

1524年9月,达伽马刚到达果阿就得了一种传染病,12月份就死在了科钦。

50. 首先进入北美大陆的欧洲殖民者是谁?

德索托于1499年出生于西班牙,他出生的年代正处于地理大发现的伟大时代。德索托从小就向往海外探险,他青年时期就在西班牙中美洲殖民地总督佩德拉里亚斯的手下任职。1516—1520年,他跟随总督先探索了美洲沿海,然后又勘察了内地。1523年,他参加了征服尼加拉瓜的战争,在那里当了几年的军事长官。在这几年中,德索托始终都没忘记他所热爱的海外探险。

德索托的船队到达秘鲁

1532年,佩德拉里亚斯去世,德索托终于有机会进行海外探险了。他报名参加了毕萨罗率领的远征队,寻找那时尚不被人知道的秘鲁。他奉派为使节去见印加王,并成为印加王阿塔华尔帕的朋友。在此次航行的过程中,他亲眼目睹了毕萨罗杀害印加王的罪行,西班牙统治秘鲁的胡作非为使他感到万分厌恶。1536年,他返回了西班牙。

有了第一次远征的经验后,德索托决心到北美探险,因为在当时来说,那里还是一片人们未知的土地。1538年4月,德索托率领10条船只1000多人以及350匹马从西班牙出发。1539年5月,他们在佛罗里达坦帕湾以南的地方登陆,留下了100多人守船,德索托率领其他的人上岸。在船上航行的时候,德索托把北美洲想得十分美好。然而,当他真正踏上这块土地的时候,似乎一切都变了。这里的土著人对他们十分不友好,他一路上和许多印第安酋长打过交道,但始终没有得到友好的接待。

德索托和他的探险队又沿着西北方向前进了一段路程之后,穿过了亚拉巴马与田纳西北部,攻陷奥尔巴附近的印第安堡垒,于1540年5月来到了密西西比河。

德索托的这次海外探险,虽然没有在地理发现上有多大的贡献,但他们也算是首先深入北美大陆的欧洲殖民者,他的名字也会被后人铭记在心的。

51. 英国的哪位探险家冻死在俄国海滨?

在航海界,人们通常把从大西洋绕过美洲北部到达太平洋的航线叫作西北通道,而东北通道则是从大西洋绕过欧亚大陆北部到达太平洋的航线。英国探险家威洛比就是寻找东北通道的第一支探险队队长。

英国人为什么要从东北通道穿越北极冰海呢？他们的目的是为了跟西班牙、葡萄牙两个海上强国竞争，以发现更多的殖民地，找出一条到远东寻找黄金、香料和中国瓷器的更佳航线。

《英国探险家威洛比》插图

1553年，由伦敦商人们共同出资，成立了一支探险队，由威洛比任船长。出航不久，他们就遇到了风暴，船队被吹散，威洛比指挥着他的船向东驶去。不幸的是航行没多久，他们又遇到了风雪交加、严寒袭人的鬼天气,逼得他们只好回到俄罗斯邻近芬兰的一个海湾过冬。贵族出身的威洛比由于航海经验很少,总以为岛上有居民,能弄到一些食物来补充。可是他派出的几个小组回来却报告,说这里千里冰封,荒无人烟。

威洛比就这样活活冻死在俄国海滨。1554年冬天,一些渔民在摩尔曼斯克附近的瓦尔泽纳河口发现了这艘船,船上货物很多,但船上的63人都冻死了。在以后的几年中,英国又派出过几次船队再次寻找通道,但都以失败而告终。从此,英国人想从东北通道进入中国的希望破灭了。

52. 弗罗比舍发现了什么?

16世纪末到17世纪初的这段时期,英国的许多航海家进行了一系列的发现航行,目的在于寻找从大西洋到太平洋的西北航道。海军军官马丁·弗罗比舍就是这时期为此目的而航行的第一人。

1576年6月,弗罗比舍率船队绕过格陵兰的南端,向西北方向行驶。在北纬大约66度的地方,他发现了两个高耸的海角(其实是海岛),他穿过这

弗罗比舍像

两个海角之间的海域进入一条很窄的海峡,他把这个海峡误认为是渴望已久的西北航道,并以自己的名字把它命名为弗罗比舍海峡。在这条海峡的航行中,弗罗比舍遇到一些皮肤黝黑的人,他误把他们当成鞑靼人(蒙古人),以为这里就是"亚洲大陆",于是,他登上岸并找了一些岩石和植物标本。在这些岩石标本中,有一种黑色而闪着金光的石块,他认为这是金矿。由于寒冬将临,他急忙启程回国。

弗罗比舍率船队回到英国后报告了他的两个"伟大发现":一是发现了西北航道,二是发现了金矿。他的"伟大发现"立刻轰动了全国上下,英国女王任命弗罗比舍为航海总司令,让他率领15艘船在发现黄金的"海峡"附近开辟一块殖民地,并把发现的金矿开采后运回英国。

这次航行可没有第一次幸运,他们一路上遭遇了连续不断的风暴,有几艘船还因与冰山相撞而沉没。他好不容易把剩下的几艘船装满"金矿石",结果回程中船队又被一场暴风雪吹得七零八落,最后大家只好自行回国。

弗罗比舍的"伟大发现"以全面失败而告终,因为他发现的所谓"海峡"并不是海峡而是海湾;"金矿石"里不含半点黄金。弗罗比舍的发现真可称得上是一个充满喜剧而悲哀的发现。

53. 谁是英国环球航行世界的第一人?

16世纪是西班牙人、葡萄牙人在海上称霸的时代,但是欧洲人对此并不认可。英国女王伊丽莎白就支持英国的海盗们去攻打和袭击西班牙人的船队,其中就有著名的海盗德雷克。令人称奇的是,这位海盗在抢劫生涯中竟有不少地理发现,并在人类历史上第二次实现了环球航行,从而也成为著名的航海家。

德雷克从小就开始在海上活动,长大后成了海盗中响当当的人物。1577年,他奉女王伊丽莎白之命,率船队出海,进行他生平最大一次冒险:穿过麦哲伦海峡,到美洲太平洋沿岸劫掠西班牙人的运金船。第二年6月,他们来到圣胡利安湾,然后用了近20天时间穿过麦哲伦海峡,驶进

德雷克像

太平洋。在太平洋他们遇到了大风暴,整整折腾了52个昼夜后,来到了南美洲与南极洲之间的海峡,也就是人们后来所称的德雷克海峡。

暴风雨平息后,德雷克看中了西班牙人的一个小城,他们夜晚到城里抢夺金银财宝,白天在太平洋沿岸劫持西班牙船队,短短几天时间就劫得了80磅黄金、26袋银锭、13箱银币,还有许多宝石,胜利完成女王交给的任务。德雷克劫了西班牙的运金船后,也担心西班牙舰队来搜捕,就想绕过美洲北端返回英国。德雷克

一行穿过太平洋、航行68天后,到了马里亚纳群岛。

1580年9月,德雷克历时2年零10个月后,回到英国普利茅斯港,成为环球航行的第一个英国船长。

54. 最早到印度和东南亚旅游的英国人是谁?

16世纪的时候,就曾有过英国商人到印度和东南亚一带旅游。当时的旅游并不是像我们现在的旅游这样,高高兴兴地出门游玩,那时的交通并不发达,人们对地球的认识也并不像现在这样熟悉和全面,特别是在海上,这在当时来说是十分危险的。

1583年2月,英国商人菲奇和他的朋友约翰、埃尔德雷德以及詹姆斯等登上了"虎"号商船,开始了他们的东南亚之旅。他们从阿勒颇(现今的叙利亚)出发,由陆地到达幼发拉底河,顺河而下到弗卢杰堡;然后从那里渡河到巴格达,再顺底格里斯河顺流而下到达巴士拉。事情的发展并不如他们所想的那样顺利,在威尼斯商人的教唆下,他们在这里遭到了拘捕,并被押送到葡属印度的果阿,在那里一直被囚禁了4个月后才被保释。1584年4月,菲奇和他仅剩的两个朋友一起逃跑了,开始了他们横越印度的旅程。本来是以商人的身份到这里旅游的,现在倒变成了逃犯,菲奇的心里十分难过,但又不能马上回国,只好顺着亚穆纳河和恒河而下,希望能了解到西藏的贸易情况。

1586年11月,菲奇乘船去缅甸,然后又到了马来半岛,游历了马六甲,在那里了解了许多关于与中国和香料群岛的贸易情况。1591年4月29日,历尽磨难的菲奇终于回到了伦敦。虽然这次东南亚之旅艰难万分,但他却成了最早到印度和东南亚旅游的英国商人。

55. 世界上何时海盗最猖獗?

海盗,对于航海的人来说,就像人无法摆脱自己的影子一样,无疑是一场无法逃避的劫难。自从有了海上货物运输之后,海盗也就随之而来了。

世界上海盗最猖獗的时代是17世纪,它是以北非海岸为基地的摩尔人武装的海盗。1609年以后,摩洛哥成了海盗们新的生活中心。一些统治者也鼓励海盗们在海上从事不正当的活动,以此作为税收的重要来源。

在17世纪,阿尔及利亚和突尼斯的海盗开始了联合行动,过往这里的大小船只无一能逃过他们的追击,使许多海上货物运输者不敢从这里经过。1650年,仅在阿尔及尔海盗们就关押了3000多名俘虏,抢来的金银、珠宝更是数不胜数。

这么猖獗的海盗,难道就没有人来管一管他们吗?许多有志之士曾多次来到这片海域与他们交战,但最后都以失败而告终,直到1850年,阿尔及利亚的海盗们才被法国人消灭,这一海盗猖獗的时代随之也就成了历史。

56. 为了寻找东北通道而丧生的巴伦支是哪国人?

寻找东北通道的不仅仅是英国人。荷兰人在英国人失败后,也组织了探险队,他们的队长就是荷兰探险家巴伦支。

在1590—1595年的几年中,巴伦支两次率领船队以寻找中国航线为目的进行了海上探险。这两次探险使巴伦支积累了丰富的航海经验并且在队员中树立了极高的威信。

1596年,荷兰再次组织探险队,巴伦支又参加了。船队驶过欧洲大陆西北角后,没有掉头向东,而是继续朝东北而去,想在极点处找到航路。6月19日,当他们航行到北纬80度时,发现了一块陆地,因为这里山峰突兀,便取名为斯匹次卑尔根(意思是尖峭的山地)。在这里,他们遇到了一块巨大的冰块,巴伦支带领大家与冰块搏斗,好不容易来到新地岛东北海角,由于船被冰块撞坏,无法航行,他们只好把船上的东西搬到岛上,在这里过冬。

不幸的事情发生了,船员中大部分人得了坏血病,这突如其来的病魔夺走了许多人的生命。巴伦支也没有逃出病魔的手掌,他的病情一天比一天严重。第二年夏天,剩下的船员们只好乘两条小船逃生。临走前,奄奄一息的巴伦支还写了一份报告,放在他的枕边。1676年当人们发现这座倒塌的房屋时,才知道巴伦支已经死了,那时他才47岁。

人们为了纪念这位荷兰的探险家,就把埋葬他的那片大海称为巴伦支海。

57. 亨得森岛是由谁发现的?

亨得森岛是南太平洋英属皮特凯恩群岛中最大的一个岛屿,岛上生活着多种珍稀鸟类、无脊椎动物以及堪称绝品的珍贵植物。拥有一个保存完整的原始生态系统,亨得森岛具有重要的科学价值。因此,亨得森岛在1988年被联合国教科文组织列入世界自然遗产名录。这个著名的亨得森岛是由谁第一个发现的呢?

时间的车轮又倒转回到了1606年1月的一天。这天早晨,一艘西班牙帆船正航行在浩瀚无垠的南太平洋波涛中,西班牙著名探险家基罗斯船长站在船舱里,他像往常一样举起望远镜向远处望去,这时,在他的镜头里出现了一个模糊的海岛剪影,这位有着丰富航海经验的船长推测,这个海岛可能是一个人类从未踏足过的岛屿。

基罗斯船长指挥着帆船小心翼翼地靠近这个岛屿,靠近之后他们才发现,这是一座罕见的凸出海面的环形珊瑚岛,海岛的四周礁石壁立,浪拍绝崖,飞珠溅玉般的海浪十分壮观。基罗斯船长和他手下的船员登陆巡视了一番之后,除了发现一些茂密的丛林和陡峭的洞穴之外,根本没有他们所期望的金银宝藏。于是,基罗斯只好率领他的手下失望地扬帆而去了。

或许对于基罗斯船长而言,他所发现的这个海岛没有半点价值,可对于我们现代的动物学家来说,这一伟大的发现有着重要的意义和作用。正是因为孤悬在大洋之中的得天独厚的地理位置,以及那些在基罗斯看来恶劣的自然条件,亨得森岛才得以继续保留了其弥足珍贵的原始状态,我们后人应为此称幸不已。

58. 哈得孙是在哪里被同伴们抛弃的?

哈得孙河、哈得孙湾、哈得孙海峡,这都是以英国航海家和探险家哈得孙的名字来命名的。哈得孙自幼就喜欢探险,1607年到1608年,他两次被任命为探险队长,到北极附近寻找一条通往日本和中国的航道,但这两次都失败了。

1609年,哈得孙又受东印度公司的聘请,去寻找东北通道。但他们在航行中遇到了浮冰,无法前进,只好改为寻找西北通道,这一下子竟漂到了北美海岸,意外地发现了一条通向大西洋的大河,即哈得孙河。

三次探险的失败,反而更坚定了哈得孙继续探险的决心。1610年,哈得孙在西印度公司的帮助下,第四次踏上了寻找西北通道的探险之路。这次他们驾驶的船重55吨,只有23名船员。船航行到格陵兰岛一带海域,来回寻找通道,直到7月15日才驶进一条真正的海峡。但是,此时此刻的船员们已筋疲力尽,不仅对探险失去了兴趣,对哈得孙也越来越不满。哈得孙是受命而来,所以依旧在海峡中探索前进。8月初,他们航行了1200多千米,结果还停留在这个海湾里。船员们不满的情绪爆发了,一个船员带头闹事,将熟睡中的哈得孙绑起来,放到一艘小船上,断粮断水,让他在海上漂流。

小船上的哈得孙不知是死是活,从此失踪了。哈得孙4次艰险航行,对人类地理知识作出了伟大的贡献。这位倒霉的探险家,最后终于得到了史学家的同情和尊敬。

59. 在北极圈寻找通道的探险家是谁?

寻找东北通道,除英国人和荷兰人之外,还有俄罗斯人和丹麦人。

1648年,东西伯利亚下科累马斯城曾组织过一支有7艘船、90余人的探险队。他们无意中被风暴吹进了后来被称为白令海峡的北冰洋与太平洋的通道。可惜这次探险不被官方所知,结果他们的新发现没有被记载到探险历史上。

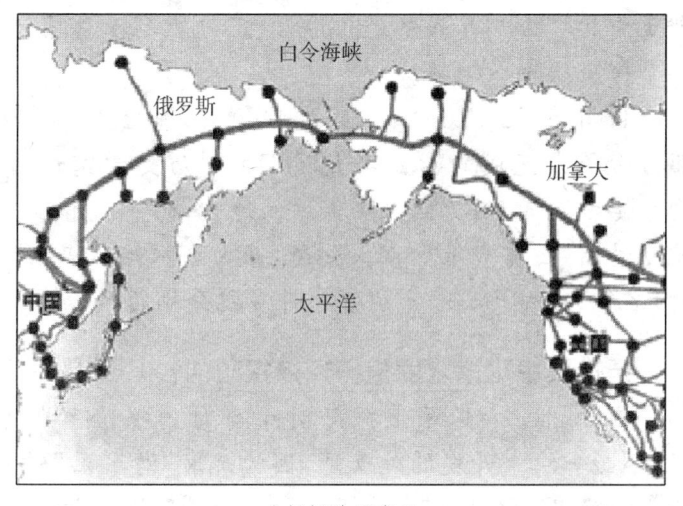

北极探险示意图

大约过了80年后,丹麦航海家白令才奉俄国彼得大帝之命,组织探险队,继续寻找通往中国的海路。

1724年,白令带领着探险队从彼得堡出发,先骑马,再步行穿过西伯利亚,然后乘船从黑龙江到鄂霍次克海西岸出发。因为这段路程很远,主要靠人拉雪橇走,结果到了海边死了不少人,活着的人有不少得了坏血病。

1728年7月,他们乘船离开堪察加半岛,向东北驶去，穿过白令海峡，进入北冰洋海域。在这里，他们既没有看到亚洲海岸，也没有看到美洲海岸，但断定西伯利亚同美洲是不相连的。就在这个节骨眼上，有人向白令报告一个船员得了坏血病，白令非常紧张，因为这是航海中发生瘟疫的危险信号。他立即召开紧急会议，大家一致要求返航。在返航途中，由于狂风巨浪，船员中的坏血病开始蔓延，白令自己也感到身体不适，整个探险队军心动摇。

1741年12月19日，这位俄国航海探险事业的先驱者带着未完成的心愿离开了人间。历史学家认为，白令是幸运的，因为他探险走过的地方，80年前俄国人就到过了，但前者很少有人知道，而白令探险队是官方的，名气大，因此历史上留下了许多纪念他的名称。

60. 是谁最早用潜水器进行深海探险的？

在16世纪初，深海探险对于当时的探险家们来说，还是一块未开发的处女地，因为那时"潜水器"对他们来说还是一个很陌生的词。

为了早日揭开深海下面神秘的面纱，1714年英国潜水员约翰·莱瑟布瑞治独出心裁地制造出了一个奇异的木桶潜水器。这个木桶潜水器的设计十分巧妙，它的顶端是一个可以打开的密封盖，潜水员可以从这个盖子进出木桶，它侧面的上部是一个观察用的窗口，从这里可以看到深海的鱼儿在海底游来游去，潜水器的下部有两个密封筒，这是潜水员获取深海资料的重要窗口，潜水员就是从这两个密封的套筒中把手伸出桶外收集深海资料的。

聪明的莱瑟布瑞治把木桶吊在一艘旧船下,在英国的普利茅斯、葡萄牙的马德拉等地进行深海潜水活动,结果获得了巨大的成功。虽然莱瑟布瑞治设计的这种木制潜水器很快就被淘汰了,但他却在人类认识深海的历程中迈出了重要的一步。

61. 谁是欧洲大陆最北端的发现者?

航海史上的每一次重大发现,都凝聚着探险家们的巨大心血,欧洲大陆最北端的发现也不例外。那是在260多年前,俄国海军的一位副航海长切柳斯金率领的探险队历经了坏血病、严寒、饥饿和死亡的种种磨难,终于抵达了欧洲大陆的最北端,这就是后来以它的名字命名的切柳斯金角。

切柳斯金毕业于彼得堡海军学院,于1728年加入了俄国海军。1733年,切柳斯金乘"雅库茨克"号木质舢舨船从雅库茨克沿勒拿河北上一直到了勒拿河出海口,然后又沿着大陆从海边抵达泰梅尔半岛的东北岸,他的探险范围接近过去无人相信的泰梅尔半岛的最边缘。探险队所留下的考察资料以及其支流地形图,为后来的航海探险打下了坚实的基础。他们所考察到的泰梅尔半岛沿岸冰块的流动情况证实了船只沿北面海上航线航行的可能性。

在航行过程中,切柳斯金除了发现了欧洲大陆的最北端之外,他还利用其简陋的仪器测定了切柳斯金角的坐标。这个260年前确定的方位,同目前卫星测定的坐标相比其误差仅为几分。

切柳斯金是伟大的航海家,他的发现和测量不但在俄国的航海史上留下了光辉的一笔,而且也为世界航海史掀开了崭新的一页。

62. 著书立说的英国海盗是谁?

也许你从未听说过威廉·丹皮尔这个名字,更不会把他与航海家联系起来。与他同时代的人也只不过把他称作海盗或冒险家。丹皮尔是从海盗生涯起家的,他留下的唯一形象保存在伦敦国立肖像艺术馆中,那是一张严肃却并不令人反感的脸,被黑色的长发挡住了一部分,表情比较谨慎,略微突出的下嘴唇也许暗示着偶尔爱发些脾气。

丹皮尔生于英国萨莫塞特附近的耶维尔,从1679年起他就乘船参加了一次又一次的航海活动,13年间周游了整个世界。6年后他根据自己在旅途中的一些经历出版了《环游世界新航程》一书,这本书的出版得益于他坚持写日记的习惯。无论海上条件多么艰难,他总是坚持把每天的所见、所闻、所思、所

丹皮尔《环游世界新航程》封面

得记录下来。航海生涯中那些令人难忘的人物风情、花鸟鱼虫,他全部尽收笔下。为了保存日记,他总是把它藏在一节竹筒中带在身边,为了防水两头还用蜡封死。

《环游世界新航程》的出版获得了很大的成功,也给丹皮尔带来了意想不到的荣誉。从这本书中,人们知道了著书立说的英国海盗丹皮尔,也了解了许多航海知识和趣闻。

63. 你知道库克船长多少次远航大西洋吗?

虽然开辟到澳大利亚、到太平洋诸岛屿的航线不像开辟其他航线那样惊心动魄,但也延续了几百年,这其中也有许多惊险曲折的故事,产生了许多伟大的探险家,库克就是英国海军最突出的一个探险家。他最伟大的功绩是,不但3次远航大洋洲,而且战胜了坏血病,为后来的远航者带来了福音。

库克船长的探险船

从1768年到1780年,库克船长完成了3次贯穿太平洋的海上探险。尽管库克没有找到梦寐以求的南方大陆,也未能从太平洋打开通向大西洋的北方航道,但他的3次海洋探险却澄清了地理大发现时期遗留下来的许多捉摸不定的问题,并对新发现的太平洋上几乎所有岛屿进行了详尽的考察,确定了精确的地理位置,为人类在太平洋海域的考察留下了不朽的篇章。

18世纪以前,英国海军有五分之四的人死于坏血病,库克自己的第一次大洋洲之行,途中就有30多人患坏血病。库克仔细查阅了前辈海上探险家的资料,又经过一番仔细的调查,他发现如果多吃泡菜和蔬菜,得坏血病的几率就会减少,于是他下令船员必须多吃泡菜和蔬菜。结果,航行中船员得坏血病的人数真的减少了许多。当然,到了20世纪,船员患坏血病的谜已被揭开,即只要服维生素C就可预防。在这一点上,库克船长贡献最大。

64. 库克船长在日记里是怎样描述南极大陆的?

在海上航行时,随时记录下航海日程以及见闻,对于船长来说是很重要的事情,库克船长也不例外。

1774年1月,在他第三次进入南极圈,航行到南纬71度10分,西经106度54分时,他却放弃了继续前进的想法,竟下令调转船头返航了。可惜的是,这使他与南极大陆擦肩而过,因为这里距南极大陆只有200多千米了。

这天,库克船长在日记里是这样写的:"早晨4点钟,我们在南面发现了一条刺目的白带,这是近处一片冰障的先兆。我们登上桅杆极目远望,看见了一条绵延不断的冰障,它在无边无际的海面上由东向西延伸,简直望不到尽头。南部半边天空放射着奇异的冷光,我在冰障附近的海面数了数,一共发现396座冰山和冰峰,一些冰山和冰峰异常高大,其峰顶隐藏在低沉的云层和浓雾之中,不太能辨认清楚它们的轮廓……即使在格陵兰海上也没有人见过这样高大的冰山和冰峰,与北半球的冰山相比,我们在南半球这个地方已经大开眼界了。穿越这条冰障的任何可能性都没有。不仅我而且我的同伴们都认为,这条冰障可能一直延伸到南极的极点,或者它在某个高纬度的地方与大陆连接在一起……我不能说没有再向南前进的可能,但这种深渡是冒险的。我比以前的任何航海家向南考察都要远,并一直到达人类可能到达的最后界线……因为再不能向南行一英寸了,于是我决定向北返航……"

库克像

　　库克船长的日记,无疑是向人们宣告,南极大陆是绝不存在的,对它的搜索是没有必要的。可是,库克船长万万没有想到,只要他再向前航行200千米,那么,发现南极大陆的人就是他了。这不能不令人遗憾。

　　其实有时候,成功离我们只有一步,只要坚持就是胜利。

65. 库克船长对英文的贡献是什么？

库克船长探险的任务是护送科学家到塔希提岛观察金星凌日的情况,但实际上他们心里明白,这只不过是为航行找一种借口。这次航行的真正目的和具体目标是要发现南方大陆,然后把这块新大陆归并不列颠帝国。看到这里,人们不禁要问,既然是探险航行,那么对英文有什么贡献呢?

原来,库克船长指挥着400吨的"努力"号穿越大西洋,将科学家们送到太平洋的塔希提岛后,在1769年10月来到了一片没有名称的陆地。库克船长绕着这块陆地的沿岸航行了一周之后,他发现这块陆地很大,是由两个紧挨在一起的岛屿组成的。这就是地球上有人类居住以来最后一块未知的大陆(现在的大洋洲)。库克船长和他的助手用了6个月的时间绘制了该岛的海图,并将南北岛之间的那条海峡命名为库克海峡。

在对澳大利亚大陆进行测量的时候,库克船长看到一种怪兽,形状和颜色都和老鼠一样,只是要比老鼠大很多,奇怪的是这种怪兽的腹部都有一只袋子,里面竟然装着一只小的怪兽。这种动物引起了库克船长的好奇,它到底是什么?这种"怪兽"实际上就是后来人称的袋鼠。可库克船长那时去问当地人"坎格鲁"是什么意思?回答是"不懂"的意思,库克船长就以为这种怪兽就叫"坎格鲁",并把袋鼠的学名带回了英国。现在,当大家从英文字典查出袋鼠这个单词"kangaroo",就是"坎格鲁"的发音。

库克船长发现袋鼠的这个地方,就是2000年奥运会的所在地——澳大利亚的悉尼。这也算是库克船长对英文所作的一点贡献吧!

66. 库克船长是怎么死的?

库克船长是一个非常有声望的探险家,他十分聪明而又十分注重考察,没有一点宗教的虚伪与荒诞。

1779年2月,库克船长的船员们在夏威夷与当地的土著人发生了严重的冲突。船员在修船时发现少了几件工具,而且他们还遭到了几个土著人的石头袭击。一位水手在冲动之下打昏了一个酋长,于是麻烦就开始了。

他们的一艘船在2月13日晚上被偷走了,第二天,为了找回丢失的小船,库克船长带领着一群武装卫兵来到酋长家里,要求酋长将小船和修船用的工具归还他们,可是酋长却告诉他们不知道船在哪里。矛盾在交谈的过程中不断加深,一个英国士兵擅自开枪将酋长当场打死了,没想到这一枪却给库克船长带来了厄运。

土著人发现自己的酋长被打死之后,疯了似的冲向这群英国人,库克船长立即用猎枪进行还击。当他开了两枪之后,没想到被冲上来的一个土著人用长矛刺死了。这位伟大的航海家,到死也不会想到,自己会为了一条小船惨死在异国他乡。

67. 富兰克林是用什么方法测量海流的?

本杰明·富兰克林是一个美国人,早在独立战争以前,他在移民侨居地担任邮政总局副局长。1769年的一天,有一群在波士顿开商店的老板们提出抗议,原因是英国的邮船通过大西洋所用的时间要比美国商船晚两个多星期。

在同一个大西洋中航行,为什么会有这样的事情呢?富兰克林答应商铺的老板们一定会将此事解决的。富兰克林找到了他的表兄摩西·福尔格,一位新英格兰的捕鲸船长。摩西·福尔格说:"美国的邮船是沿着墨西哥湾流顺水向东航行的,但在返回时都是避开远航道,不逆流行驶的。"当时,富兰克林怎么也搞不懂英国的船长为什么不乘墨西哥湾流顺水而下,这样既能缩短向东航行的时间又能在返航时避开逆流航行。

富兰克林请他的表兄摩西·福尔格把墨西哥湾流绘在大洋海图上。又过了几年之后,他把漂流瓶抛进了墨西哥湾流。富兰克林在瓶子里的纸上写下了要求发现者告知发现该漂流瓶的时间和地点的信。富兰克林当时所用的这个方法现在科学家们仍然沿用着。

富兰克林根据拾到漂流瓶的人所寄来信,又仔细研究了墨西哥湾流的流程后绘制了一份海流图,并将海流图的复印件寄给了普利茅斯的航海总局。虽然英国人不相信一位美国邮政局长会比他们更熟悉海流,但是,富兰克林利用漂流瓶对墨西哥湾流绘制的海图,就是到了今天也是无须更改的。

68. 谁完成了法国的首次环球航行?

在1771年至1772年间,法国航海家布干维尔

(1729—1811年)出版了他轰动世界的环球航海探险的纪实著作《1766—1769年的环球航行》。书中详细记载了他作为法国人首次环球航行的情况。布干维尔为什么要进行法国的首次环球航行呢？原来，在法国同外国侵略者进行的长达7年之久的海上战争失败后，法国损失了大片海外殖民地。为了在热带海洋上重振法国雄风，并为进行殖民扩张做好准备，1766年，法国政府组成了一支探险队，配备了一艘"布德兹"号巡洋舰，任命37岁的布干维尔为这支探险队的指挥官。探险队的成员有不少天文学家和自然科学家。布干维尔探险队从布勒斯特港出发，航行到南美拉普拉塔河，再经福克兰群岛航行到里约热内卢。1767年7月，他率领两艘船前往麦哲伦海峡，在海峡中航行了7个星期后进入太平洋，然后继续向西航进。1768年8月，布干维尔的船队到达塔希提岛。9月，到达巴达维亚，后又转航到毛里求斯岛，并绕过好望角航行到大西洋的阿森松岛。1769年2月，布干维尔回到了法国，从而完成了法国的首次环球航行。如果按布干维尔此次环球航行所取得的地理发现成果的大小而论，可以说这是18世纪最有名的一次环球航行，也是一次最幸运的环球航行。因为在这次整个航行过程中，全部200余名船员只死亡了7人，这在人类的环球航海活动中不能不说是一个奇迹。

69. 谁是近代第一个平等对待土著人的著名航海家？

翻开世界近代航海史，你会发现不少的著名航海家、探险家的名字,他们曾为航海探险和地理发现作出了卓越的贡献。读完他们的航海经历,我想你一定会为他们的勇气和毅力竖起大拇指,但同时是否也会为他们野蛮地对待土著人而感到羞愧呢?

达伽马开辟了通向印度的航线,却对当地的居民刀枪相见,实施炮轰。麦哲伦环球航行时,在侵略马克坦岛的战争中被土著人刺死。就连著名的航海家库克也死在了与夏威夷土著人的战斗中。但是,也有一些非常理智的探险家,他们能与土著人和睦相处,有的还与土著人交上了朋友,法国探险家布干维尔就是这样一个人,他被人们称为"近代第一个平等对待土著人的航海家"。

布干维尔出生在法国巴黎一个贵族家庭里,他从小接受过良好的教育。他是一个心地善良、富有同情心的人。布干维尔1766年开始环球航行,12月5日,他率领"布德兹"号战舰从法国的布勒斯特港出发,直接穿越大西洋向福克兰群岛进发,到达该岛后又航行到里约热内卢等候另一艘补给船"明星"号。两舰会合后,布干维尔就率船队直奔麦哲伦海峡。他们在恶劣的气候中穿过麦哲伦海峡后,进入了太平洋,开始向西航行。4月2日,他们到达了塔希提岛,这时舰上已有30多人得了坏血病,因为所带的蔬菜早已吃完,他们迫切需要新鲜水果和蔬菜。

当他们的船驶进了港湾之后,当地100多艘土著人的船围上来向他们表示友好,并给他们送来了猪肉、蔬菜和椰子。布干维尔十分高兴,他对土著人以礼相

海洋探险

待,回赠了他们许多菜种和日用品,受到了当地土著人的好评。

布干维尔善待土著人的举动在当时留下了美名,因此他的船队在航行中也得到了许多土著人的欢迎和支持。

70. 布干维尔是怎样对待土著人的?

大家知道,布干维尔出生于法国贵族家庭,他在上小学时就喜欢听老师讲麦哲伦航海的故事。当老师给大家讲到麦哲伦是一个伟大的英雄,他吃尽苦头、历尽艰苦终于完成了人类第一次环球航行,却惨死在了菲律宾时,布干维尔就认真地跟老师说:"麦哲伦完全可以不死的。"老师问他为什么,他胸有成竹地对老师说:"其实这并不复杂,只要麦哲伦对当地的老百姓好一点,不管遇到什么情况,都尊重当地的老百姓,他一定不会死的。"

布干维尔与土著人和平贸易图

当布干维尔也成了航海家后,他就是以文明礼遇来处理与沿途老百姓关系的。布干维尔在环球航行中,在一个土著人居住密度很大的岛上停留了下来。有一天,有几个船员的东西被当地的土著人偷走了,船员们十分生气,他们发现了偷窃的线索之后,就登陆找到了土著人家里去要求补偿,并且抢走了土著人的猪。由于土著人不同意,发生了争执,在争执中有两个船员动手打死了两个土著人。事情发生后,布干维尔十分生气,他马上警告船上的船员:"不许残害土著人,要通过协商来解决问题。"为了平息事态,惩罚杀人者,他下令把杀人的两个船员绑在柱子上,准备枪决。善良的土著人哭泣着哀求布干维尔不要杀这两个人,布干维尔被他们的真诚所感动,于是下令放了这两个船员,并让船员拿来许多礼物作为补偿。

布干维尔是这样说的,也是这样做的。每当他到达一地时,土著居民都给了他力所能及的帮助,减少了他航海中的困难,使他顺利地完成了环球航行。

71. 谁是世界上不吃海鲜的潜海女王?

天天与海打交道的人,很少有人不吃海鲜。可是,美国著名的海洋生物学家希尔维亚·厄尔却是一个被誉为不吃海鲜的潜海女王。她为什么会获得如此美誉呢?她是怎样走上潜水之路的呢?这可要从头说起了。在希尔维亚只有3岁的时候,有一次她和父母亲去海滨度假时,她在海滩上一不小心被一个大海浪掀翻在地,她非但没有害怕和生气,反而从此深深地爱上了海洋,并一直保持着对大海深处探寻秘密的好奇。

随着年龄的增长和知识的增加,她渴望探寻大海秘密的欲望变得越来越强烈。在希尔维亚·厄尔满16岁的时候,她第一次在佛罗里达的威基奇沃河,戴着借来的铜制潜水头盔下潜。从此以后,希尔维亚·厄尔就一发不可收地迷上了水中那片迷人的世界,她从此开始在世界各地的海域进行潜水活动。墨西哥湾、印度洋、巴布亚新几内亚、加勒比海、巴哈马、夏威夷、加利福尼亚海湾、红海、加拉帕戈斯群岛及日本沿海的南开海槽和西太平洋上密克罗尼西亚的卡罗莱斯群岛的特鲁

潜水运动员潜水

克淡湖,这些迷人的海底世界,到处都留下了希尔维亚·厄尔矫健优美的身姿。而且,她不吃海鲜的理由也非常明确,她认为追求金枪鱼和箭鱼等海鲜美味,就好像吃美洲狮和白头海雕等濒危动物的肉一样残忍。对海洋最大的威胁是人类对海洋的无知及因此所造成

的破坏,而她的名言"前进,继续下潜"却成了深海探险者的座右铭。1979年,希尔维亚·厄尔身穿重达450千克的吉姆潜水服进行深海探险。要知道,连男人穿这种潜水服都会感到吃力,而她却成了穿吉姆潜水服进行深海科学研究的第一人,而且是第一个单独下潜到380米深海底而不用一根缆绳的人。在此之前,人们穿这种潜水服都是靠一根又粗又长的缆绳才能下沉或升出海面的。1984年,她还单人驾驶"深海漫游者"号小潜艇到达了前所未有的单人下潜的最深处,即1000米的深度。因此,希尔维亚·厄尔作为下潜到海底最低点的第一位女性,称她是不吃海鲜的潜海女王也是当之无愧的。

72. 拉佩鲁兹是怎么遇难的?

当你站在地球仪或世界地图面前时,你是否为那一条条航道的发现、一个个海岛的命名而感叹不已呢?许多探险家为了寻找它们,证明它们的存在,不惜牺牲自己的生命,这难道不值得我们敬佩吗?拉佩鲁兹就是其中的一位。

拉佩鲁兹出生在法国,他15岁时就加入了法国海军,曾远航到印度洋和美洲。作为海军上校,为了在太平洋中寻找可以当作殖民地的岛屿,他率领着"指南针"号和"观象仪"号,共242人前往太平洋探险。

拉佩鲁兹的船队穿过大西洋,绕过美洲来到了夏威夷。他以国王的名义占领了毛伊岛,接着他们又穿越了太平洋,于1787年1月到达了中国南部海岸的澳门。在澳门作了短暂的停留后,拉佩鲁兹率船队来到了马尼拉,并在这里开始考察亚洲海岸。船队穿过日本海,直达鞑靼海峡,观察了位于库页岛与日本北海道之间的海峡。当拉佩鲁兹的船队从这个海峡经过时,他被这里的美景深深吸引住了,当即将这条海峡命名为"拉佩鲁兹海峡"。他们在接下来的航程中又考察了勘察加半岛,将考察记录和地图经陆地发往法国。然后又掉头往南,再次穿越太平洋。

但是,不幸的事情发生了,当拉佩鲁兹的船队来到萨摩亚群岛时,他们的船被巨浪卷到了珊瑚礁上,船像

早期的海洋探险船队与土著居民

鸡蛋壳一样被撞出了许多大洞,水哗哗地涌进舱里。岛上的土著人以为这些陌生人要占领他们的群岛,与船上的士兵发生了冲突,拉佩鲁兹和船上的几百名船员,就在这里全部意外地遇难了。

73. 奥古斯特对海洋潜水的贡献有多大?

在漫长的岁月中,人们逐渐发现,依仗天然的器具

只能在海洋的表层活动。因为人的生理条件是有一定限度的,裸潜的深度和时间不可能再有更大的突破了。显然,用这种潜水方法去探索几百米甚至几千米的深度是不行的,深海探险还得借助更可靠更完善的装置来完成。

有人认为,第一个潜水装置是公元前322年马其顿国王亚历山大发明的。这种潜水器是用一个木头做的钟状容器,人居其中,通过透明的瞭望孔观察泰尔城郊修筑的港堤底部情况和海底千姿百态的鱼类世界。可是,用这种潜水容器在海底活动有一个无法克服的障碍,即只能在固定的海域做极小范围的下潜。人在无驱动力的潜水器里,

就像关在笼子里的小鸟一样。于是,研制更为自由自在到达海底的潜水器具,就成了人们追求的新目标。

1819年,德国炮兵中尉奥古斯特·西贝发明了世界上第一套潜水服。这套潜水服有一个铜制的头盔,下接皮质垫肩,头盔上端有管线通到水面的手动气泵上,用来提供潜水员呼吸用的气体,产生的废气则从衣服的下端透泄出去。这套潜水服的出现使人们在海底活动的空间大大增加了。

海洋探险

不言而喻,潜水服的发明是人类探索海洋手段的一个质的飞跃,有了它,人们在深海活动就大为方便了。当人们在广泛使用头盔式潜水服的同时,各类海底探险活动便开始了。

74. 美国是何时完成首次环球航行的?

完成环球航行,是对一个国家和民族的航海技术和水平的综合检验。因此,许多国家的有志之士纷纷加入到环球航海的行列之中。那么,你知道美国是何时完成首次环球航行的吗?美国的第一次环球航行是在北美独立战争之后。当时,原本由英国东印度公司掌握的供应美国的中国茶叶和其他中国产品的贸易权,已被波士顿商人控制在手里。1788年,波士顿商人协会组成一个探险队,派出2艘船前往美国西部地区收购毛皮。这个探险队绕过了合恩角,于同年9月到达努特卡湾。随后,探险队决定派另一艘叫"哥伦比亚"号的航船前往中国,指挥官由罗伯特·格林担任,而另一艘则继续收购毛皮。在罗伯特·格林的指挥下,"哥伦比亚"号向西穿过太平洋,从努特卡湾航行到夏威夷岛,然后向中国的广州进发。到达广州后,他们高价出售了全部毛皮产品,购买了大量中国茶叶,然后横渡印度洋,绕过好望角,于1790年回到了美国。这样,罗伯特·格林乘一艘悬挂着美国国旗的航船,完成了美国人的首次环球航行。

75. 俄国是怎样完成第一次环球航行探险的?

1799年,俄国第一个环球航行探险队的领导人克鲁逊什特恩(1770—1846年)向沙皇呈递他的环球航行计划。结果，沙皇保罗一世拒绝了他的计划。但克鲁逊什特恩并没有放弃最初的理想，仍然继续进行准备。功夫不负有心人，他的计划在1802年第二次上交的时候，终于被年轻的沙皇亚历山大一世采纳了。俄国著名的探险家李斯扬斯基(1773—1837年)也接受克鲁逊什特恩的邀请，加入到俄国的第一个探险队的行列。这个探险队所使用的两艘探险船是从英国订购的。1803年8月，探险队离开了喀琅施塔得港，同年11月，穿过了赤道线。1804年，船队绕过了合恩角。驶进太平洋后，两艘船各奔一方。李斯扬斯基率"涅瓦"号航经复活节岛、夏威夷群岛、科迪亚克岛，并装运了大批毛皮，从亚历山大群岛前往中国的澳门。在澳门，"涅瓦"号与克鲁逊什特恩率领的"希望"号会合后，一起航行到中国的广州，李斯扬斯基经过印度洋，绕过好望角，到达英国的朴次茅斯港；而"希望"号船则在非洲东北海岸附近与"涅瓦"号走散，然后返回。这样，李斯扬斯基率领"涅瓦"号船从朴次茅斯港出发，于1806年8月5日回到了喀琅施塔得港，从而完成了俄国历史上第一次环球航行。

76. 南设得兰群岛是由谁发现的？

威廉·史密斯是第一个发现南设得兰群岛和特里尼蒂地的人。史密斯出生于1790年，他是英国人。从1812年开始，他担任"威廉斯"号船长，此后的几年中，他一直在南美航线上运送货物。

海洋探险

停泊在南设得兰群岛的商船

1819年1月中旬,史密斯驾驶"威廉斯"号货船离开阿根廷,驶往智利的瓦尔帕莱索。经过福兰克群岛时,遇上了逆风,他们不能绕过合恩角。德雷克海峡令人望而生畏,一般的船长,由于害怕浮冰的威胁,尽量避免向南航行太远,史密斯曾在格陵兰捕鲸业中干过,对于浮冰不太害怕。因此,他指挥着船先向南,然后向西,在高纬度海区中行驶。

1819年2月9日拂晓,史密斯在南纬大约62度处发现了南设得兰群岛。他在航海日记中写道:"19日早上7时许,发现一块陆地或冰山,方位东南偏东,距离

古代海洋探险

87

6～9海里。"他派大副和船员乘一艘小艇登岸,他们在岸上竖起一块牌子,上面刻有英国国旗的图案和一段题词。船员们欢呼雀跃,庆祝以大不列颠国王的名义占有了该地。起初,他们把它命名为"新大不列颠"。后来有人说这个名称可能与其他地方的名称混淆,因此,史密斯将它改称为"南设得兰群岛"。

77. 达尔文也喜欢航海吗?

大家都知道达尔文写的《物种起源》是一部划时代的杰作,但是你是否知道达尔文丰富的生物学知识就是在乘"贝格尔"号探险中获得的呢?

达尔文乘"贝格尔"号探险

这次远航,达尔文直接接触了自然科学的各个学科,使他第一次受到真正的锻炼和教育;也正是通过航海,他的观察能力大为提高。船舶所到之处,他进行了大量的地质和化石调查,并与以前研究过的《地质学原理》进行了对照,从而认识到这本书的重要价值。达尔文搜集了各个分科的动物,记载了大量海产动物,并作了一些简单的解剖。

在这次航海中,达尔文作为一名科学家,得到了锻炼并逐渐成熟起来,真正尝到了观察和推理的喜悦。巴塔哥尼亚的大沙漠,特拉、德尔、弗戈郁郁葱葱的大山脉,热带植物景观,裸体土著人,珊瑚礁,加拉帕戈斯群岛特有的珍奇动植物,等等,都给达尔文留下了极其深刻的印象,为他以后提出的生物进化论奠定了极为坚实的基础。

达尔文的一生,给人类生物学的发展留下了光辉的业绩。

78. 是谁最早揭开了珊瑚礁的秘密?

茫茫大海中的特殊地质构造——珊瑚礁形成的秘密,在第二次世界大战后被美国的工程师公布于世。但是,早在100多年前,著名进化论的创始者达尔文就对此做过深刻的分析。

1831年12月至1836年11月,当达尔文随"贝格尔"号巡洋舰环球旅行的时候,就对那五彩斑斓的珊瑚礁产生了浓厚的兴趣。他每到一处珊瑚礁,都要乘小船到处看看,对每一座珊瑚礁进行实地考察。在搜集了大量的标本和资料之后,他根据这些资料把珊瑚礁分为岸礁、堡礁和环礁三种类型,同时还指出了珊瑚礁发育的一般规律。更重要的是,他第一次提出了珊瑚礁系统发育的规律,并用"底盘沉降"学说加以科学的解释。他明确提出,由岸礁到堡礁,再由堡礁到环礁是一个连续发生的过程。

达尔文的"沉降"学说很快就正式发表了,这是历史上最著名的推论之一。然而,100多年过去了,这个学说还未得到证明。因为在此期间,钻探技术很落后,人们还没有办法在环礁岛钻孔,观察岛心及珊瑚礁下面的东西。直到第二次世界大战以后,美国的海军工程师们才在中太平洋马绍尔群岛的埃尼威托克岛上钻了一个深孔,钻头穿过一层层老珊瑚,在地下1280多米的深处钻入了火山岛。由此可见,早在亿万年以前珊瑚虫就已经开始在岛上形成了。达尔文的科学预见,继续为后来的深井钻探所证明,而且现在仍是海洋地质工作者探讨珊瑚礁发育规律的重要理论根据之一。

达尔文的学说为人类认识珊瑚礁、了解珊瑚礁打下了坚实的基础。

79. 是谁发现了阿德利地?

迪维尔是法国著名的航海家,曾两次完成环球航行。1837年,他按照路易·菲利普国王的旨意,到南极探险。

迪维尔的航海经验十分丰富,他们在驶过维德尔海时却被巨冰挡住了。于是,他调转船头朝西北方向行驶,但在行驶中他发现了茹安维尔岛。一条封冻的海峡把这个岛与他所命名的路易·菲利普地一段海岸截然分割开来。1839年底,迪维尔率船队离开塔斯马尼亚的雷巴特港。他们在向南行驶不久就遇到了风暴

和浮冰,与风暴和浮冰搏斗了20多个日夜后,他们才驶

到一道巨大黝黑的悬崖边。这个悬崖垂直耸立,高1000多米,左右两边望不见尽头,上面覆盖着薄冰,下面海水哗哗响。令人奇怪的是,临近南极大陆的海岸,竟然连一块浮冰都没有。

　　为了寻找可以登陆的地点,迪维尔在悬崖下继续航行。突然,他们发现一个没有多少积雪的荒岛,根据小岛的情况,迪维尔决定从这里登陆。当他们踏上小岛,站在那片松软的沙滩上时,迪维尔和他的伙伴们高兴极了,因为这是人类第一次站在靠近南极大陆的土地上。忽然,迪维尔发现了一群长相非常奇怪、全身直立的大鸟。它们白白的胸脯,黝黑发亮的脊背,长长的嘴巴叫个不停,走起路来一摇三晃,就像大腹便便的绅士。这些动物就是人们今天看到的憨态可掬的南极企鹅。望着这些可爱的动物,迪维尔想起了分别多年的妻子阿德利,于是,他就把企鹅和悬崖后面的陆地都称作阿德利。从此以后,阿德利企鹅和阿德利地就成了南极专有的两个名称。

80. 探险家维尔克斯为什么被称为"海上魔鬼"？

一位称职的海洋探险家应通晓天文、气象、地磁、航海等多方面的知识，而且还要有组织才能，美国海军大尉查尔斯·维尔克斯就是这样一个人，但是他却被船员们称为"海上魔鬼"，这是为什么呢？

维尔克斯像

1838年8月，维尔克斯率领由美国政府组织的探险队出发了，其目的是考察南半球鲸类资源和搜寻南磁极。船队顺利地驶抵美洲南端的火地岛，维尔克斯决定以火地岛为基地开展侦察性考察。1842年夏，维尔克斯探险船队满载丰硕的考察成果，回到了美国。他们此行除了测绘南极大陆1500海里海岸外，还测量了其他海岸、海岛，涉足的大小岛屿280个。这次探险全程航程长达85000千米，前后历时近4年之久。

然而,作为这次探险成功的胜利者维尔克斯,不仅没有得到美国政府的表彰,反而被起诉上了法庭。原因是在探险过程中他对部下太严厉苛刻了,凡是他下达的命令,绝不允许部下有丝毫的疑惑、犹豫和怠慢;执行命令中,谁要是稍有疏忽、差错和违背,一旦被他发现,必遭处罚,轻者鞭打,重者处死。因此,船员们都暗地里叫他"海上魔鬼"。

尽管社会舆论对维尔克斯的做法反应强烈,但在军事法庭上辩论的结果是:为了维护军队纪律,船长在海上应该具有这样的权力。所以对维尔克斯的开庭审判,最后以无罪而结束。

81. 谁是第一个编写《北大西洋水深图》的人?

在美国里士满的墓地中,有一个墓碑位于前总统门罗和泰勒两墓地之间,上面刻着"海路发现者"5个大字,这就是海路发现者——美国人莫里的墓地。

莫里年轻时在美国海军中任职,有着丰富的航海经验。1839年,在一次交通事故中他的腿受了伤,只好下船疗养。在疗养期间他撰写了关于改革军官教育的论文并以此出名。1846年,莫里根据一堆旧航海日志编写了《航海指南》一书,对当时的航海起到了积极的作用。很快,有1000多艘船舶向他提供了世界各个海域观测的航海资料。莫里根据这些资料绘制出海图,并在上面详细地标出风力、风向、信风、赤道无风带、表层水温、不同月份的暴风次数、雨和雾的频率、不同季节鲸的数量等。1854年,莫里首次出版了《北大西洋水深图》。第二年,他的不朽名著《海洋自然地理学》在伦敦出版。在这本书中,他对墨西哥湾流作了生动的描述。该书对探险家的影响很大。

莫里在海洋学和气象学上立下了不朽功绩,各国海洋专家称赞他是前所未有的学者,他收到许多国家赠送的勋章。还有一些大学授予他各种荣誉称号,以此来感谢莫里对海洋学的贡献。

莫里像

海洋探险

近代海洋探险

82. 汤普森是怎样找到"中美洲"号的？

"中美洲"号是美国的一艘新式豪华汽船，它自1853年建成首航以来，曾成功运载价值约5000万美元的加州黄金由巴拿马至纽约市。当时，"中美洲"号的主要用途是运送加州淘金热乘客西去东归。但是，谁也没有想到，就是这样一艘载满黄金的商船却在1857年的一次航行中沉入了大海。

1857年9月8日上午，"中美洲"号从哈瓦那港口起锚，开往目的地。据公开报道，船上载有30吨金条和金币，但实际所载黄金却远远超过这个数目。船上载有将近500名乘客，其中大多数人是从加州归来的采矿者，他们的箱子、手提包和衣服的口袋中都装满了金沙、金块和金币；此外，"中美洲"号还载有美国军部托运的从巴拿马装箱的十多吨黄金。

"中美洲"号在第一天的航行中就遇到了狂风暴雨。船艰难地航行着，到了第二天，一整天的风暴不断增强，天黑后又开始下雨了。船在波涛翻滚的怒海中颠簸摇晃，到了下午，船身与海面形成了危险的角度。船长命令砍断前桅，但此举没起到任何作用。处在绝境中的船长只好命令船上的所有人准备离船。就这样，"中美洲"号载着一船的黄金沉入了数百米的海底。

到了20世纪，"中美洲"号已成为沉船藏宝轶事的传奇，100多年以来，数十批对海底宝藏着迷的探险家们纷纷潜入海底寻找，但大多数都空手而归。1988年9

海洋探险

月11日,也就是在"中美洲"号的巨大桨轮停止转动后的第一百三十一年,一个名叫托米·汤普森的探险家利用他研制了多年的"狐步"操纵遥控舱在海底拍到了"中美洲"号的照片,他借助放大镜的观察,看到了闪闪发光的黄金。10月1日,汤普森又和他的助手们再次把遥控舱放到水下拍摄更多关于"中美洲"号的照片,海底铺满了黄金,就像一座花园。

从发现黄金船的第一天起至1995年的6月,汤姆森和他的工作人员共打捞起一吨多黄金。对于收藏家们来说,这些黄金的价值简直就是天文数字。

83. 谁是提出"深海觅宝探险理论"的第一人?

明亮的台灯下,一个名叫托米·汤普森的美国青年,正在废寝忘食地读着一本名叫《沉睡深海的金船》的纪实探险小说。小说的作者叫金达,他在书中详细地描写了过去许多满载金银财宝的商船沉没海底的海面和地理背景,这无意中激发了汤普森的探宝欲望和梦想。这部书汤普森已经潜心研究了10年,书中的许多地方都标记了只有他自己才能看得懂的记号。汤普森看得非常仔细,哪怕是书中的细微情节,他都用心揣摩,反复推敲,甚至睡梦中都在品味书中字里行间所隐含的寓意,真可以说是到了走火入魔的地步。然而,和那些只会死读书本的书呆子不同,汤普森总是能把书本上的知识和生活实践结合起来。你想,那些沉在成百上千米深海底下的沉船财宝,绝不可能让人轻易得手,深海觅宝又必须有一身过硬的本领才行。于是,汤普森渐渐地悟出了一个道理,那就是要使自己的深海觅宝梦想成真,必须掌握最先进的科学技术。从此以后,汤普森花了10年的时间,自学了许多与深海探险、觅宝和打捞相关的科学技术和工程方面的知识,以执著的"欲求深海探宝,必须科海炼身"的信念,以百折不挠的不屈意志去克服种种难关。功夫不负有心人,1989年,汤普森经过对1857年前后的新闻记事和对陈旧的原始航海日志的研究,终于在美国北卡罗来纳州的海面上找到了已沉海一个多世纪的"中美洲"号巨轮残骸,并用自制的机器人成功地从2000米深的海底沉船中打捞出总重达21吨的金币。汤普森一夜之间成为全美国家喻户晓的传奇式人物。然而,最令汤普森心驰神往的并不仅仅是沉船上的金币,而是那些深海探险觅宝的技术和方法。汤普森是世界上第一个提出有关"深海探险觅宝"理论的人。汤普森对这一理论的贡献,绝不是一船金银财宝所能比拟的,而是人类开发海洋的无价之宝。

84. 在西北通道全队丧生的探险队队长是谁?

富兰克林这个名字,大家或许听起来有点陌生。他是英国的老探险家,曾任过海军少将。

富兰克林年轻的时候经常到澳大利亚和加拿大北部探险。1845年,年过花甲的富兰克林被英国政府任命为探险队队长,率队寻找西北通道。他率领138名官兵,开着两艘蒸汽船出发了。他们穿过了兰开斯特海峡,考察西北面的水道,当他们进入巴芬湾水域后,就再也无影无踪,没有任何消息了。

当英国政府得知这一消息后,万分焦急,设立巨额奖金去寻找富兰克林船队的下落,直到1859年才查明这些探险者的下落。原来,他们在出发后的第二年9月被冻结在离威廉岛北端几千米的海面上,他们准备在这里过冬时,船上的许多人又得了坏血病,先后死去。他们从英国带来的大量罐头都是被奸商搞来的假货,里面不是臭肉就是沙子掺锯屑,使他们饥寒交困,数十人先后死去。富兰克林一看全队生还无望,便派几个人上岸,到荒无人烟的威廉岛寻找食物,可是这个岛上除了石堆还是石堆,他们只好失望而归。

在返航的时候,富兰克林已病入膏肓,于1847年6月11日病逝。这年夏天,供此次探险用的两艘船都未能驶出冰海。虽然富兰克林本人未能证实西北通道的存在,但是他的勇气还是很值得我们敬佩的。

85. 第一个横渡英吉利海峡的人是谁?

横渡英吉利海峡,犹如攀登珠穆朗玛峰,虽然对于探索者来说很具有挑战性,但其中的危险是每时每刻都存在的。

在17世纪后期,横渡英吉利海峡在许多人眼中是可望而不可即的事情,但是有一个名叫马修·韦伯的人就以他惊人的勇气和毅力,在1875年8月成功地横渡了英吉利海峡,成为当时轰动一时的风云人物。

马修·韦伯横渡英吉利海峡的时候,穿了一条红绸的游泳裤,在身上涂了一层厚厚的鱼油,最后历时21

小时45分钟到达海岸。从此以后,有47个国家的近6400人曾试图征服这条神秘的英吉利海峡,但只有400多人成功了。虽然英吉利海峡现在对我们来说已不再神秘,但马修·韦伯这位第一个"吃螃蟹"的人是值得人们纪念的。

86. 被人们称为能"上天和下海"的教授是谁?

瑞士物理学家奥古斯·皮卡尔教授被人们称为不知疲倦的科学家、天才的设计师、无所畏惧的探险家。正当人们因他开拓了进入海洋最深处的航线而鼓掌时,他还创造了高空探险的新纪录,是一位能"上天和下海"的"神人"。

奥古斯·皮卡尔出生于1884年1月28日,毕业于苏黎世专科学校,20岁时就成了布鲁塞尔大学的教授。在那里,他结识了伟大的科学家爱因斯坦,并与他一起设计了一些电测仪器。皮卡尔所处的时代,是一个发明创造的时代,是科学上充满冒险和奇迹的时代,而皮卡尔正是这个时代的闯将。那时,同温层探险在欧洲非常盛行,他对此产生了浓厚的兴趣,准备到高空中去研究电离层和宇宙射线。

皮卡尔以他独特的构思,创造了一种铝制密闭舱,成功地用它代替了以前的吊篮。1913年,皮卡尔乘坐他自己设计的气球,垂直上升到16千米的高空,在密闭舱中安全地度过了16个小时,并对同温层进行了科学考察。后来他又在实践中不断改进自己的设备,为同温层的观测打下了坚实的基础。

皮卡尔所创下的高空纪录,以及他设计的独特密闭仓,使他在同辈人中一举成名,被人们称为能"上天和下海"的教授。

87. "珍妮"号船在哪里遇到了危险?

人们在看完海洋探险故事以后,往往很崇拜书中的英雄人物。美国人乔治·华盛顿·德朗就是被探险家们不平凡的经历深深吸引而成为当时所有行业中最危险的职业——海洋探险家的。德朗出生于1844年,1873年,他晋升为上尉,首次率领"珍妮"号去营救在格陵兰岛沿岸失踪的"北极星"号船。1879年,美国格拉尔德报社的主编德本尼特在刊登广告扩大发行量的同时,组建了一支探险队。这支探险队由德朗任队长,他们的任务是乘"珍妮"号船前往北冰洋,搜索瑞士探险家率领的"维加"号船的下落。德朗从旧金山启程向北航行,穿过了白令海峡后,到达科柳钦角。在这里,他们从俄国船员那里得知,"维加"号船已经平安到达白令海峡的最南端,于是他决定一直向北航行,企图完成北极点的航行。

德朗万万没有想到,"珍妮"号离开科柳钦角不久,就驶入了不见尽头的北冰洋。1876年9月6日,他们在北纬71度35分、西经175度5分处被浮冰层层困住,无法再前进了。

德朗根本没想到,自己原本是来营救别人的,现在却被困在这里。他们会不会脱险呢,这还是个问号。

88."珍妮"号脱险了吗?

寒冷的冬天总是让人难熬。"珍妮"号船在长期被困期间,德朗和船上的一些船员还坚持做一些力所能及的科学观测。他们所处的纬度地区有5个月不见阳光,因此他们时刻面临着沉船的危险。

1881年6月12日,被困了21个月的德朗终于支持不住了,他决定让全体船员从船上撤下来,把船上所有物品搬到小艇上,然后用手拉着小艇在浮冰上寻找生存的道路。风暴和降雪经常与他们相伴,饥饿和疲劳时刻折磨着他们,但是,他们克服重重困难,始终坚持记录和保管科学资料。当他们到达西伯利亚的勒拿河三角洲时,德朗和他的船员们再也坚持不住了,永远地躺在了雪地上。

1882年3月,一个营救探险队发现了他们的遗体和珍贵的科学资料。但是,那艘被冰毁坏的"珍妮"号船的残骸,却在大洋流的推动下离开了新西伯利亚群岛,穿过北冰洋,来到了格陵兰岛沿岸,完成了德朗的心愿。

89. 北冰洋航道的开辟者是谁?

众所周知,16世纪初,瓦斯科·达伽马开拓了从欧洲绕过好望角通往印度的航道;麦哲伦又开通了从欧洲驶往大西洋、穿越麦哲伦海峡、横渡太平洋前往亚洲的航道。这两条航线的开辟,给东西方之间的贸易和活动带来了很大的便利。但是,当你打开地图时,就会发现这两条航道都很长,能否找到一条从欧洲通往亚洲的更近一些的航道呢?

当时,欧洲的地理学家们对此作出了大胆的假说,一条是沿北美洲的北岸走,称为"西北航道";另一条是沿亚欧大陆北岸走,称为"东北航道"。地理学家们的这些设想,对于那些立志要寻找从欧洲通往亚洲更近航线的探险家充满着巨大的诱惑力。一代又一代的探险家把目光投向了北极,个个跃跃欲试。

1875年,一个名叫诺登舍尔德的芬兰探险家在瑞典富商奥斯卡·迪尔森的资助下,乘一艘大型帆船出发了。诺登舍尔德一行乘帆船顺利地穿过了喀拉海,绕过了亚马尔半岛,一直行进到东经80度20分、北纬75度30分处。同年8月中旬,他们将帆船停泊在叶尼赛湾入口处的一个小岛附近,并将小岛及对岸的港口命名为迪克森岛和迪克森港。

在这以前没人航行过的航道上,诺登舍尔德一行怀着战战兢兢的心情航行。他不断地修正海图上的错误和遗漏,小心翼翼地穿过水下浅滩和无名群岛;他认真记录着天气变化及浮冰、漂流等自然现象;他取道日本横滨、中国广州、锡兰,穿过苏伊士运河、直布罗陀海峡,于1880年4月24日胜利返回瑞典。

诺登舍尔德首次开辟了北冰洋航道,在人类探险史上谱写了辉煌的篇章。诺登舍尔德和郑和、达伽马、麦哲伦、哥伦布、白令、库克等一批著名探险家一样,受到了后人的崇敬和敬仰。

90. 诺登舍尔德的北冰洋探险创造了什么奇迹?

在古往今来的人类航海探险过程中,由于受当时科学技术水平和航海实践经验的影响,许多航海探险船队或者一去不复返,永远留在海底;或者半途而废,无功而返;或者历经千辛万苦到达了探险目的地,却不能最后安全地返航;有的即使是实现了探险计划,但最后回到家乡后也已是伤痕累累、人员大减,总之,无一例外地都会带有一点悲壮的色彩。然而,开拓了北冰洋航道的航海探险家诺登舍尔德,却在这方面创造了世间罕见的奇迹。那是在1878年8月10日,诺登舍尔德率领的"维加"号探险船,从迪克森岛起锚后,开始了北冰洋航道的漫漫征程。9月28日,"维加"号探险船驶进了楚科奇海。然而,就在此时,意料不到的事情发生了,海上气温骤然下降,海面很快被冰封冻,"维加"号终于被冻在海面上,丝毫动弹不得。面对一片茫茫坚冰,诺登舍尔德和"维加"号上的全体船员只得忍受着难以想象的严寒和风暴的袭击,直到第二年的7月18日,被封冻了近10个月的海面才开始解冻,完好无损的"维加"号在诺登舍尔德的率领下,离开无冰的海面,向白令海峡穿行。这次航海探险,诺登舍尔德不但实现了人类首次打通北冰洋航线的梦想,而且其率领的"维加"号探险船还创造了人类航海探险史上船员无一伤亡、船体完好无损的人类航海探险的奇迹。

91. 第一个走完西北航道的探险家是谁?

大家在看完库克船长的日记后,是否记得他曾说过:南部没有存在大陆的可能性。没想到库克船长的这个结论只维持了50年。

1896年,24岁的挪威人罗阿德·阿蒙森通过了船长资格考试后,便想组织一个探险队到极地探险。但是,像他这样一个小人物,要想得到政府的赞助是不可能的。他只好向自己的一些亲戚朋友借钱,借到的钱再加上自己多年的积蓄,他只买了一

阿蒙森像

艘47吨重的船,他为船取名为"亚阿"号。阿蒙森认为,到极地去探险不能用太大的船,也不能带太多的船员,在他以前的许多探险家之所以迟迟没有开通西北航道的路线,主要有以下三个原因:第一是路线太偏北了,

路线偏北容易在航行时遇到大块的浮冰；第二是船太大，太大的船容易触礁造成沉船；第三是船上的人太多，人多供养就会有许多不便。因此，阿蒙森的这次极地探险使用的是小船，船上只有6名船员。1903年6月，经过几年的准备之后，阿蒙森终于起航了。他们沿着格陵兰西北岸北上，穿过兰开斯特海峡往西走了一段路程后，又转头向南到了威廉岛的北端。9月，严冬到来时，他们就在这个后来被称为"亚阿港"的平静小港过冬。这个地方一年中有3个季节都是冬季，还没等他们准备在夏季时起航，第二个冬季又来了。

1905年8月13日，"亚阿"号终于离开了亚阿港，可以在冰雪融化后继续向西航行了。在途中，他们经过了数不清的大小岛屿和暗礁浅滩，在避开了一个个险情之后，阿蒙森终于在船头看到了广阔的海洋以及来往的船只。阿蒙森和他的船员们非常高兴，他们在甲板上高声欢呼："我们终于走通了！"一个月之后，他们看到了白令海峡，并最终回到了挪威。

走完西北航道的阿蒙森，在一夜之间成了家喻户晓的人物。探险的历程是艰辛的，从第一个寻找西北航道的探险家到阿蒙森，人们花了400年的时间终于征服了它。

92. 南森是在哪一年获得诺贝尔和平奖的？

南森(1861—1930年)是一个在海洋学方面有着很深造诣的教授，他多年来专注于海洋学的研究，曾经编写过海洋探险科学成果的汇报，写出了具有很高价值的科学论文。除此之外,他还是第一个证实北极是冰雪海洋的探险家。

进入中年以后的南森,在对海洋学研究的同时,还对政治发生了浓厚的兴趣。1906年,南森出任挪威驻英国的首任公使,他的努力工作赢得了大家的认可。1917年,他调任到挪威驻英国商务委员会担任主席。在第一次世界大战后,他又参加了国际联盟的工作。1921年,南森应国际红十字会的要求,领导国际救援组织赈济俄国饥荒的工作。1922年,根据南森的创意,在日内瓦签订了国防协议,对流离的难民颁发"南森护照"的身份证。

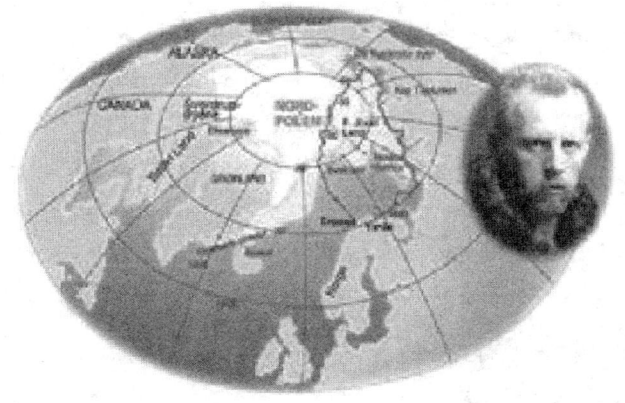

北极圈与南森

同学们,当你们坐在丰盛的餐桌前、当你们坐在明亮的教室里的时候,你们是否知道世界上还有一些地区的小朋友正在忍受着饥饿和疾病的痛苦?南森也正是为了他们而努力工作着。1922年,南森获得了诺贝尔和平奖,获奖之后,他将全部奖金都捐献给了国际救济难民基金。1931年,在瑞士的日内瓦成立了南森国际难民救济局,以帮助生活在灾难地区的难民们。

93. 首次驾机飞越英吉利海峡的人是谁?

1908年,英国《每日邮报》登出一则消息,谁首先驾机飞越英吉利海峡,谁就可以获得1000英镑。消息一经刊登,大家议论纷纷。

决心参加这次探险飞行的只有两个法国人,一个是布莱里奥,另一个是莱瑟姆。布莱里奥是法国一家汽车厂的厂主,对飞机很有兴趣,制造过不少滑翔机。为了飞越英吉利海峡,他研制了一种新式飞机,还自己画了飞机线路图。莱瑟姆是个工业家,从小兴趣广泛。他自己制造了一架飞机,用来飞越英吉利海峡。

同年7月25日,他们决定一分高低,飞越英吉利海峡。布莱里奥首先起飞。他飞过海峡边的原野,进入上空后消失在云雾之中,他听到四周呼呼的风声,看到底下茫茫的大海,心里很紧张。飞了一段时间后,法国海岸消失了,而英国的海岸又没出现,凭着勇敢和冷静,在10分钟之后,他终于看到了模糊的英国海岸。经过37分钟飞行,他终于驾机飞过了英吉利海峡,成了征服海峡天险的勇士。

然而,他的对手莱瑟姆就没有他那么幸运了。莱瑟姆飞行到距英国海岸只有1千米时,由于飞机故障而坠入大海,幸好他设计的飞机翅膀长达12米,落水后能漂在海上。

布莱里奥一下飞机,人们纷纷给他送来一束束鲜花,他成了第一个飞越英吉利海峡的英雄,《每日邮报》也将 1000 英镑的奖金送到了他手上。

94. 谢多夫中尉是怎么死的?

谢多夫于 1877 年出生在亚速海海岸一个贫苦渔民家庭。他 16 岁毕业于航海学校,两年后被任命为俄国考察队队长,多次出海进行科学考察。1912 年,他晋升为海军中尉,并被任命为北极探险队队长,去探查北极中心区域,要把俄国国旗插到北极点。

同年 8 月 7 日,谢多夫率领由 14 人组成的北极探险队告别了成千上万欢送的人群,登上"福卡"号开始了探险。9 月 18 日,他们接近新地岛时遇到浮冰,只好在这个海区进行测量,绘制新地图。第二年 9 月,浮冰开始融化,"福卡"号终于摆脱困境,到达法兰西约瑟夫地的太平湾。在此期间有不少人患了坏血病,谢多夫就是其中之一。然而,他仍然到北极中心地考察。7 天后,谢多夫的病情加重,这时,船员们都劝他返航,但他却说:"这绝对不行,连想都别想,我们既然上路了,就要坚持到底。我们的事业是了不起的,我们现在不属于自己,祖国的人民在为我们自豪,我们要时刻想着祖国!"

最后一段路程非常艰难。谢多夫常常陷入昏迷状态,但他一清醒过来,头一件事就是用罗盘校正方向。谢多夫在生命的最后 3 天仍然坚持工作。3 月 5 日凌晨 1 时,工作中的谢多夫停止了呼吸。他的两名助手悲痛万分，把他的遗体安置在用十字镐挖出的深坑内，垒起高高的石堆，旁边竖立着准备插到北极点的旗帜。

谢多夫虽然离开了我们，但他那种胸怀祖国、忘我工作的精神是值得我们学习的。

95. 完成单人驾机飞越大西洋的人是谁？

1919年初，法国一个名叫雷蒙·欧尔德格的富豪向世人宣布：谁如果能完成从巴黎到纽约的不着陆飞行，他将奖给这位勇敢者25000美元，消息一经传出，许多优秀的飞行家都积极进行尝试，但却没有一个成功。

1927年4月，美国飞行员诺尔·戴维斯与史坦顿·沃斯特分别在飞行中失事殒命；接着，法国的农热瑟和科利·韦克的两架飞机在飞行途中神秘失踪，连飞机的遗骸也没有找到。这一连几次事故的发生，在许多尝试者心中蒙上了阴影。

当一个名叫查尔斯·林白的25岁年轻人宣称他要在5月中旬单身完成这次飞行的时候，公众和新闻媒介的人都认为他一定也会有一个悲剧的下场。但是，当人们看到查尔斯·林白的飞机冲破昏暗的天空，在巴黎的飞机场安全降落时，人们才感到这个名不见经传的青年飞行员创造了航空史上最惊人的奇迹。

在有了第一次成功飞行之后，林白又向他的下一个目标发起了挑战。他驾驶着NYP-1型飞机从纽约的罗斯福机场起飞，1927年5月20日，从长岛向北飞过纽芬兰之后转向东飞往大西洋。在巨浪翻滚的大西洋上空，浓雾和黑暗每时每刻都在威胁着他的生命。由于林白是一个人飞行,睡眠的严重不足也在折磨着他,但他仍然以顽强的意志战胜了这些常人难以想象的困难,并表现出了一个优秀飞行员应具备的素质。

经过34个小时的飞行,林白驾驶的"圣路易斯精神"号飞机终于安全降落在巴黎的布尔歇机场,他创造了单人不着陆飞越大西洋的奇迹,人们也由此记住了这位年轻的美国飞行员。

96. 首次驾机飞越太平洋的人是谁?

1927年5月,从美国传来特大新闻,美国人查尔斯·林白用34个小时的时间戏剧性地独自驾机飞越大西洋获得成功。这一辉煌的胜利使他成了举世闻名的英雄。

大西洋已经被人类征服了。那太平洋呢?众多国家卷入了这场特殊的战争。在这期间,美国人的几次飞越都失败了。太平洋那汹涌的波涛似乎在嘲笑人们为征服它所做的一切努力。

但是,就在这时,戏剧性的变化发生了。1931年8月,两个美国人克莱德和赫恩顿为了打破环球飞行纪录,在未经日方同意的情况下,降落在日本东京。他们在飞越轻津海峡时拍下了日本海军基地的照片,日本警方以间谍罪将他们投入了监狱。审判的结果让许多人意料不到,不但要罚款,还判他们飞越太平洋。如果飞行失败,就只能乘船回国,这两个囚犯没有办法只好服从判决。

1931年10月3日,这两个美国人驾机起飞了。在场的人们纷纷议论,这两个人准要喂鲨鱼了。他们升空不久,沿大环形航线飞行了几个小时之后消失了。日本人以为这一判决实际上就等于判了他们死刑。可是,10月15日,华盛顿州的韦纳奇小镇上空,这架美国人驾驶的飞机竟神奇地出现在人们的眼前。幸运之神再次眷顾美国,同飞大西洋一样,太平洋又被美国人首飞成功。

首次飞越太平洋的美国飞行员

这个消息传到日本,举国上下都感到震惊,试图首次飞越太平洋的日本人又落空了。

97. "意大利"号飞艇是在哪里神秘失踪的？

意大利人乌姆彼尔托·诺彼勒为了实现飞行到达北极点的愿望，在罗马建造了一艘半金属结构的飞艇，命名为"意大利"号。他将这艘飞艇的起点设在了意大利一艘名为"米兰城"的轮船上，该船为此专程航行到斯瓦尔巴群岛的孔绥峡湾。然而，不幸的是，"意大利"号飞艇的两次飞行均以失败告终。但诺彼勒并没有因此而放弃自己的理想。1928年5月23日，诺彼勒第三次驾驶"意大利"号从孔绥峡湾起飞，次日清晨抵达北极点，并在北极点上空兴奋地飞行了两个小时。由于当时天气不好，他不敢在北极点降落，拍摄了一些北极地理影片后，他就准备驾艇飞回斯瓦尔巴群岛。但在途中气温急剧下降，飞艇在群岛北面的上空因漏气而坠落到了水中。由于落水时的剧烈冲撞，发动机的悬篮被抛出撞毁，驾驶员丧生，9名乘员及部分食品从悬篮中被抛出。这时，由于重量减少了两吨，飞艇又神秘地带着破碎的悬篮和6名乘员迅速上升，又开始了自由飞行。不久，飞艇消失在了东方，飞艇上的6个人从此杳无音信。

掉在冰上的9个人中有3人摔断了腿或手臂，他们在这块浮冰上向南漂流，5天后漂流到斯匹次卑尔根群岛东北部的弗因岛附近。

"意大利"号飞艇载着6名成员就这样永远地消失了，人们为了寻找它，先后进行好多次飞行探险，但最后都以失败而告终。

98. 伊尔哈特小姐是在哪里失踪的？

1937年,伊尔哈特小姐单人驾机飞越大西洋获得成功,成为第一个女性探险家。1937年6月,她又向新闻界宣布:她要驾驶"艾里克特"号飞机飞越太平洋。但是没想到的是,在这次飞行中发生了许多怪事,伊尔哈特小姐竟神秘地失踪了。

伊尔哈特小姐自小就热爱飞行。这次她选择飞越太平洋的航线,是从新几内亚莱城起飞,中间经过豪兰岛,距离约4200千米。豪兰岛是太平洋波利尼西亚群岛中的一个珊瑚岛,岛上森林茂密,覆盖着厚厚的鹈鹕鸟粪。当伊尔哈特小姐飞到这里时,不知为什么飞机神秘失踪了。

伊尔哈特小姐和它的"艾里克特"号飞机神秘失踪后,许多探险家来到这里寻找她的踪迹,但均未有所获。几年后,有一支探险队在豪兰岛上发现了伊尔哈特小姐的一箱书籍,至于别的什么都没发现。

可见,大自然中有许多怪事,目前还不能作出科学的解释:豪兰岛上的金属书箱来历,海上那堆追不上的烟火,还有东一下西一下的神秘电波……

伊尔哈特小姐飞越太平洋虽然没有成功,但人们会永远记住这位年轻的女探险家。

99. 邦巴尔探险证明了什么？

法国医生邦巴尔在为人类海上求生存的探险中作出了巨大的贡献。

海洋探险

邦巴尔医生为证明人类在海上能生存,1952年他乘一只装有一张帆、两支桨、一支标枪、一些渔具和一只尼龙过滤器的小船从拉斯帕尔玛斯市出发了。邦巴尔的小船西行时,白天的强烈阳光晒得他难以忍受;夜里的海上寒风吹得他全身战栗。中午和夜间是最难熬的时刻,他决定日行夜宿。

在漂流期间,从头顶飞过的鸟群给了他欢乐和勇气。但是,当风暴来临时,则是他航行中最艰难的日子,小船不但有翻掉的危险,而且鱼儿都躲在深海中。只有等到风平浪静时他才可以捕鱼。每当大鲨鱼群来临时,邦巴尔医生就很紧张,他最担心鲨鱼钻到船底,用脊背向上一拱,那他就变成鲨鱼的点心了。他用尼龙过滤器捕捞小鱼小虾,天下雨时就积雨水喝,捕到较大的鱼时,他首先剖开鱼肚,喝里面的鱼血。

邦巴尔在海上漂流、搏斗了53天之后,遇到了一艘英国客轮,他惊喜万分,又喊又叫。可是船上的人们看到他时,万分惊骇,人们不相信这是真的。船长经过询问,知道他是在为人类海上生存探险时,对他肃然起敬,动员他上客轮,不要冒险,但被邦巴尔拒绝了。他只带了一点热饭菜,没喝一口水就又上了他的小船。

邦巴尔医生经过65天的航行,经过2700千米,终于到达了巴巴多斯群岛,创造了单人远航的奇迹。他的探险证明:人们在海上没有淡水和食物的情况下,完全可以依靠海洋提供的生物和喝少量雨水继续生存,而且这种生存是充满希望的。

100. 人类探险"挑战者"海渊成功了吗？

大家都知道，地球上最深的地方是马里亚纳海沟。如果沿着马里亚纳海沟继续搜索，恰好在太平洋关岛以北320千米处，有一处猛然下陷的地方，形成地球最深的峡谷，这就是人们所说的"挑战者"海渊。"挑战者"海渊的深度比地球上的最高峰珠穆朗玛峰还高2000米，总高度达11000多米。自从1951年这个海渊被发现以来，它那无尽的神秘感深深地吸引着众多的深海探险者，许多人都想捷足先登，以揭开"挑战者"海渊的神秘面纱。但是，这些探险者或因设备落后，或因资金

深潜器"凡尔纳探索"号

不足而宣告失败。1960年1月23日，美国海军中尉沃尔什与瑞士探险家皮卡尔共同乘坐深潜器"的里亚斯特"号向"挑战者"海渊发起了挑战。他们冒险下潜海底，20分钟后，深潜器的舱门就被深海强大的压力挤裂，他们被迫上浮。为了攻克"挑战者"，科学家们一直

没有中断对"挑战者"海渊的有关研究。其中,日本研制了一种深潜器,可以装载技能高超的海底机器人进行深海探险;美国也不甘落后,启用了深潜器"凡尔纳探索"号和正在研究的"深飞Ⅱ"号海底飞行器。它们一次可载3人,最高时速20节,往返"挑战者"海渊全程约需12个小时,后者的机器推动可以调速,在水下可以像在天空一样自由飞行。探险"挑战者"海渊的活动到现在已经取得了成功,但是,人类对浩瀚海洋的探索还仅仅才迈开了一小步。

101. 斋藤实的海上漂流试验成功了吗?

在没有淡水的情况下,人们只喝海水,那人的生命会维持多久呢?日本的电影导演斋藤实为了寻找这个问题的答案,开始了海上探险。

1966年7月,斋藤实率领5人乘橡皮艇从日本乌岛出发西行,向鹿岛方向驶去,开始了引人注目的漂流试验。为了寻找海水可以维持生命的途径,他们6人分为两组,一组喝淡水,另一组喝海水,计划在海上航行10天。但航行的第三天,喝海水组的成员就有人脱水抽筋,他们只好发救助信号,半途而归。斋藤实的决心并没有动摇,他再次组织漂流试验,一连4次,其中有一次还差点送命。

虽然斋藤实的漂流试验没有成功,但他却从中发现,如果能把四分之一的海水和四分之三的淡水混合起来,那样不管怎样喝,都不会有生命危险,因为这正好是治病用的生理盐水浓度。斋藤实的探险结果得到了一位日本医学博士的理论证明,即混合液能维持生命的可能性。

海水为什么不能喝呢?因为海水平均含盐量高达3.5%,也就是说,每100千克海水中约有3.5千克的盐,它的盐分浓度是人体的近4倍!人大量喝了海水后,就会因大量排尿使体内水分大量丧失而导致生命危险。斋藤实的探险的确取得了一定的进展,但它距实际的应用相差甚远,科学家们对此还在不断探索新的道路。

102. 单身环球航行的老人是谁?

一位65岁的老人用了266天的时间,航程48万千米,完成了单身环球航行的壮举。

1966年8月的一天,一位名叫弗朗西斯·奇切斯特的英国老人,独自驾驶一艘长16米的游艇,从英格兰海岸出发,开始了他的环球航行。奇切斯特年轻的时候就很想进行一次环球航行,但是由于种种原因,他的这个愿望直到65岁才得以实现。奇切斯特所驾驶的游艇名为"舞毒蛾"号。好像老天偏要和他作对似的,他在航行的第一天就遇到了大风,大海翻滚咆哮,击打着游艇,仿佛在向这位倔强的老人示威。"舞毒蛾"号在狂风与巨浪中挣扎着,就像一片无力的树叶随风漂流。奇切斯特躺在船舱里,真不知该如何是好。好在老天总算开了眼,大风刮了5天渐渐停下来,大海也慢慢恢复了平静。在接下来几天的航行中,游艇还算是顺利,但没过多久新的麻烦又来了。

海洋探险

1967年3月19日,奇切斯特驾驶着"舞毒蛾"号驶近了好望角。早晨4点多的时候,似乎一切都很平静,奇切斯特大胆地调转了方向,快速向好望角驶去。就在他刚到船舱准备吃点东西的时候,忽然一个巨浪打进了驾驶台,接着又跟来了第二个、第三个,船慢慢偏离了方向,奇切斯特马上跑回驾驶室,只见里面变成了一个小水塘,他赶紧调整了航向,然后用水桶将屋里的水泼出去。当干完这些工作的时候,65岁的老人已累得筋疲力尽了。

1967年5月28日,奇切斯特站在甲板上,透过朦胧的海雾,他感觉英格兰海岸仿佛就在眼前了。他抑制不住内心的激动,两行热泪夺眶而出。当他一口气驶回英格兰时,他的亲人、朋友们早已在码头等候多时了。

这位65岁的老人,创造了当时驾驶小艇环球旅游的世界纪录,因此,他得到了英国女王所授予的"爵士"称号。

103. 荡桨横渡大西洋的夫妇是谁?

1981年3月的一天,纽约市探险俱乐部有人提出了一个探险方案:用人力桨横渡大西洋。当时俱乐部乘员柯蒂斯听了之后,心里为之一振,他感觉这件事好像是为他和妻子准备的。

柯蒂斯当时34岁,他的妻子24岁,是罗德岛州大学的划船教练。他回家和妻子商量后,第二天一早,柯蒂斯就到俱乐部报了名。没有想到他们真的被批准了。3月18日,这对夫妻乘坐一艘长3米的"埃克卡利伯"号船,开始了人工航海的行程。柯蒂斯有航海的经验,他的妻子莎维尔有划船的经验,他们是最好的搭档。

他们的目标是从非洲摩洛哥的卡萨布兰卡出发向西荡桨横渡大西洋。他们在途中的保险由纽约市探险俱乐部负责。4月初,由于与他们保持联络的通讯电台出了故障,他们只好在加那利群岛停留一个星期。一个星期后,电台的故障排除了,他们又继续航行。一路上,他们相互鼓励,相互配合,克服了许多困难,奋力前进。

1981年6月10日,经过4505.2海里的航程后,他们顺利到达安提爪岛纳尔逊码头。岛上的居民手捧鲜花来迎接他们心目中的英雄,快艇上的水手们欢呼雀跃,热烈鼓掌,码头上的所有船只汽笛齐鸣,一起向这对勇敢的夫妇表示祝贺。

欢迎的人们,都想看看横渡大西洋之后的这对夫妻是什么模样。只见他们都晒得黑黝黝的,很健壮也很有精神,手持鲜花向欢迎的人群表示感谢。

104. 谁是横渡英吉利海峡的"女王"?

泅渡英吉利海峡,对游泳健儿来说有着无比的吸引力,是对游泳健儿的耐力和意志力的最极限挑战。在泅渡海峡的过程中,游泳健儿不仅要克服垃圾、油污、海草所带来的许多不便,还要和冰冷的海水相抗衡,并且时刻保持清醒的头脑,以免被海浪打晕,从而

海洋探险

使泅渡海峡的壮举半途而废。多少年来,泅渡海峡一直是男人们的专利,直到英国长途游泳健将艾莉森·史屈特的出现,才打破了这种男子泅渡海峡一统天下的局面。史屈特身高1.60米,体重72.5千克,短小精悍,体力充沛。1982年她18岁时参加了第一次泅渡海峡,从此便和泅渡海峡结下了不解之缘。1992年,史屈特第20次横渡海峡后,成了无可争辩的横渡海峡女王,到了1995年7月,她从多佛尔横渡海峡已有30次。但她的目标是打破31次的男子纪录,而且她的理由是:多佛尔海峡是英吉利海峡的一部分,应该有个英国女子创造世界纪录。幸运的是,1995年8月21日,史屈特第31次泅渡海峡成功,同年9月4日,她又第32次泅渡英吉利海峡,用时10小时58分,打破了男子纪录。无论是次数还是速度,史屈特都成为新的泅渡海峡冠军,当之无愧地成了横渡海峡女王。

105. 最古老的沉船是怎样被发现的?

人类目前所发现的最古老的沉船距今有多少年呢?如果我告诉你那是距今3400多年前,你是否会为此而感到震惊呢?

在土耳其卡什市附近乌卢布伦角那片布满了礁石的海面上,停泊着一艘名叫"维兰宗"号的海洋调查船。一个由美国得克萨斯海洋考古学院和土耳其考古学家组成的联合考察小组正在这里工作着。他们工作的主要任务就是搜寻在1982年,由一位采海绵的工人在海底无意发现的一艘古代沉船。经过考古学家们的进一步研究,证实了这是一艘距今3400多年前沉没的木船。

3名潜水员身挂24磅的重物,下潜到地中海海底,他们在破碎的沉船周围找到了一枚埋藏在海底三四个世纪之久的金币及一些财宝。但是这艘船上的物品远远不止这些,已经发现的还有青铜器、锡块、玻璃、黄金及石英。这些有价值的物品为考古学家们提供了许多关于公元前1400年以前该地区居民生活和贸易等方面的资料,为人类了解3400年前的造船技术提供了很大的帮助。

106. 不用导航仪器进行环球航行的探险家是谁?

大家都知道,古代的航海人在进行远洋航行的时候,都不是依靠航海的导航仪器,而是根据天象或海面的迹象来判断航向的。可惜这些宝贵的经验,在当时没有被完整地记录下来,今天有许多已经失传了。

有一个名叫克里姆斯的美国人,他曾在美国新泽西州皮特曼的一所大学里研究了30年的地理学,最让他感兴趣的是天体导航。克里姆斯年轻时当过水手,跟随着船队多次出海,因此他目睹了很多因为迷失了航向而葬身鱼腹的航海事故。

克里姆斯在潜心研究了多年的天体导航资料之后,产生了一个奇特的想法,就是不用导航仪器进行一次环球航行。当他把这一想法告诉他的朋友们之后,有人佩服他的勇气,有人说他是在找死。但认识他的一些海员们却非常支持他的这一想法。在他们看来,虽然现代航海仪器有了突破性的进展,人们已开始用

卫星定位导航，但如果遇到特殊的天气，这些仪器将毫无用处。对于长期生活在海上的人们来说，掌握求生必备的本领是不可缺少的。

下定这个决心之后，克里姆斯开始为他的环球航行做准备了。他利用节假日的时间，曾8次横渡大西洋，其中有3次没有使用导航仪器，在所有事情都准备好了之后，克里姆斯又邀请来两位有丰富航海经验的朋友与他同行。克里姆斯的好朋友们都知道，他是一个有勇气有毅力的人，因此他们都相信克里姆斯的这次环球航行一定能取得成功。

卫星导航

107. 克里姆斯的环球航行成功了吗？

当克里姆斯的同行们得知克里姆斯真的要不用导航仪器而进行环球航行的时候，纷纷对他的这次探险表示怀疑，但克里姆斯和他的两个助手却信心十足。

他们将南非的开普敦定为这次环球航行的起点，计划先从这里向澳大利亚行驶，然后向东绕过南美洲的合恩角再回到开普敦,全部航程为3万千米。为了保障此次航行的安全,克里姆斯的妻子和他大学同行的教授们,一致要求他带上各种航海仪器以及架设有接收设备的自动发射机,以便得知克里姆斯的航行路线。

1983年5月19日,克里姆斯和他的两名助手开始了这次特殊的环球航行。从开普敦到澳大利亚有8700千米,克里姆斯用了77天的时间到达了目的地,这其中有一半的时间是在跟风浪的搏斗中度过的。克里姆斯用他丰富的天体导航知识胜利到达了第一个目的地。在接下来的航行中,尽管又出现了这样或那样的困难,但克里姆斯和他的助手们齐心协力,胜利到达了开普敦。

克里姆斯环球航行的成功,不仅用事实证明了不用导航仪器航海是可能的,更重要的是他向世人证明了一个道理,这就是"有志者,事竟成"。

108. "巴达维亚"号是在哪里重建的?

提起"泰坦尼克"号,大家一定都能说出有关它的一些故事,但如果说起"巴达维亚"号,大家对它的了解又有多少呢?

"巴达维亚"号是荷兰东印度公司在1628年建造的一艘商船。它建成一年后,在进行处女航时不幸在澳大利亚西海岸外触礁沉没了。船上的大部分船员都遇难,只有少数几个人获救。一位在这次海难中幸免遇难的指挥官弗朗西斯·皮尔萨在获救后写了一份报

海洋探险

告,详细叙述了"巴达维亚"号的"不幸旅程"。他的这份报告也给后人提供了重新建造此船的重要依据。

1985年10月,为了唤起人们对复古旅游的兴趣,荷兰政府决定重建"巴达维亚"号。这项计划由52岁的荷兰造船大师万斯主持,9名指导员和60名高级木工做他的助手,建成后的船全长56米。造船所需要的经费由哈灵根市木材巨子伯恩和皇家荷兰劳合公司共同出资赞助。

建造"巴达维亚"号所用的材料,完全是依照原来那条古船所用的材料。几乎所有的绳缆和索具都是按照1545年的奥德华特市范德利缆绳厂的产品规格用麻来制造的。28门炮全部用钢和黄铜浇铸,每门炮重达200多千克。此外还有300多件木雕装饰。所有这些装饰品,足以使"巴达维亚"号成为出类拔萃的仿古船。

"巴达维亚"号在1993年上半年竣工,前往参观的人有100多万。"巴达维亚"号仿古船代表了荷兰高超的造船工艺。

109. 是谁创造了环球直飞40000千米的记录?

在20世纪60年代后期,巨大的喷气式客机就往返于各条横穿大洋的航线上,越洋飞行在当时人们眼中已经如同家常便饭那样普通了。当时人们甚至利用先进的空中加油技术,完成了多次不着陆的环球飞行。在这种先进技术的推动下,有许多喜欢探险的飞行员又开始准备不用空中加油一口气完成环球飞行的新目标了。

1986年12月14日的清晨,一架外形怪异的白色飞机从美国西海岸的爱德华兹空军基地起飞了。起飞之前,有许多喜欢探险的人来到了爱德华兹空军基地,因为这架飞机要进行航空史上首次途中不着陆、不加油的环球飞行。他们会成功吗?许多人都在翘首以待。

飞机的驾驶员是名叫迪克·鲁坦的48岁的退役空军飞行员和34岁的女性轻型飞机驾驶员珍娜·耶格尔。他们所驾驶的这架白色飞机名叫"旅行者"号,是由迪克的弟弟伯特·鲁坦设计的,他们自筹资金,自己动手,在莫哈维机场租用了一个旧机库研制新飞机。经过60多次试飞和数百次的改造之后,"旅行者"号飞机诞生了。

由于机翼里装满了油,所以"旅行者"号在起飞的时候擦坏了翼尖,幸而这点小伤对飞机没有太大的影响。迪克和珍娜在窄小的座舱中轮换驾驶飞机沿着赤道向西进行环球飞行。飞机在太平洋上遇到了狂风,到印度洋时又遭到了暴风雨的袭击,在非洲上空还遇到了湍流,可谓危险重重,但他们凭借着高超的飞行技术,一次次都化险为夷,闯过了一道道"鬼门关"。

1986年12月23日凌晨,"旅行者"号经过9个昼夜的连续飞行,平安返回爱德华兹空军基地时,等候在那里的人们齐声高呼。就是这架外形怪异的白色飞机创造了连续飞行40407千米的世界航空纪录,其中大多数是在海洋上空飞行的。"旅行者"号轻机重载的惊人成绩被航空专家们看成是航空技术"迈向未来的一步"。

110. 被鲨鱼咬住大腿的人是谁？

鲨鱼是非常凶猛的动物,成年的大鲨鱼可以在短短的几分钟之内吃掉一个人。被鲨鱼咬住往往是凶多吉少。

大白鲨

1991年夏季一个凉爽的早晨，32岁的美国国家宇航局软件工程师埃里克·拉森在加州蒙特雷湾北部海岸线的海湾冲浪时，海面出现了一个很大的大浪头。忽然，他注意到近处涌起了一股旋流，"可能下面有个大家伙！"埃里克想。

就在刹那间，他觉得自己的左腿被什么东西有力地夹了一下，他低头一看，天啊，只见两排长长的、三棱状的大白牙已扎入自己的左腿，从大腿股部到小腿胫部整个落入了一条至少有4米长的大白鲨之口。埃里克天生是个体育迷，几乎天天都要运动一番。他身高1.86米，体重79.5千克，一向健壮的身体正处于顶峰时期。

他的反应迅如闪电，双手快速抵住大白鲨的上下颌部，迅速一推，鲨鱼松口了，埃里克马上用力抽出大腿，逃脱了鲨鱼口，他踩着水浮出水面，大口喘着气。他艰难地爬上冲浪板，趴在上面，靠双手划向岸边。到了岸上，他感到浑身软弱无力，皮开肉绽的左腿已露出骨头，看来是动脉被咬断了。他虽然逃出了鲨鱼口，但也可能会因流血不止而在短时间内死去。就在埃里克感到绝望的时候，海边巡逻员发现了他，并马上报了警。经过5个小时的手术，埃里克终于被救了。他的伤口缝合了200针，135枚不锈钢"U"形针布满了经过修补的表皮。

经过这次死里逃生之后，埃里克对大海产生了巨大的恐惧感。

111. 巴尔特里是怎么失踪的?

春季是一年中捕鲸的好季节,1991年春季的一天早晨,一艘名为"东星"号的捕鲸船从弗尔克林岛出发了。船上有20多名捕鲸队员,其中一个名叫德热莫斯·巴尔特里的20多岁小伙子,是他们当中最有本领的人。"东星"号船刚离开大西洋,就在左前方发现了一条大鲸鱼。

由于鲸鱼是一种很庞大的动物,因此船员们分成几个小分队乘小木船靠近鲸鱼,以便用渔叉把它叉死。在船长的命令下,船员们乘小木船出发了。离鲸鱼2米多远的时候,只见第一小分队的队员们各自操起渔叉、纤绳等捕鲸工具,准备开始与鲸鱼搏斗。这时,巴尔特里像一位古代的勇士,手中锋利的渔叉在阳光下闪闪发光。离鲸鱼很近的时候,只听"嗖"的一声,那支拖着长绳的渔叉"扑哧"一声正插在鲸鱼的头上。接着另外几个渔叉也分别插在了鲸鱼的脊背、腰部和尾巴上。平时在这种情况下,鲸鱼过不了多久就慢慢死去了,可今天的这条大鲸鱼好像十分"勇敢",它不停翻转着身体,忽然猛一侧身向小木船冲来,巴尔特里等人见势不妙,刚要动手将船划走,可已经来不及了,一只巨大的褐色鲸鳍把他们都扫到了水里,小木船被鲸鱼撞翻了。"东星"号船长看事情不妙,马上命令将船开到出事点,救起落水的船员。

船员们被救起来之后,大家都大喊庆幸,半个小时之后,海上又恢复了平静,那条大鲸鱼再也没有力气折腾了,只好任凭船只将它拖回岸上。就在这时,船长忽然发现巴尔特里不见了,他们找遍了船上的每一个角落,都没有他的身影,大家带着悲痛的心情,踏上了回程的路。

112. 是谁掉到了鲸鱼的肚子里?

巴尔特里在捕鲸时失踪以后,船上的所有船员都很难过,因为他们谁都不愿意失去这位捕鲸好手。老船长从痛苦中解脱出来,因为该是解剖鲸鱼的时候了。

鲸鱼被拖到了停在船边的另一艘大木船上,这是"东星"号捕鲸以来捕到的最大一条鲸鱼。它有16米长,30多吨重,解剖工作进行得很艰难。捕鲸队员们手拿特制的长柄剖刀,吃力地把鲸鱼的肚子剖开,一股暗红色的鲸鱼血如同喷泉一般涌了出来。几个人钻进鲸鱼的肚子里,把鲸鱼的内脏一件一件割下来,然后再系上绳子,用船上安装的特殊吊车把它们运到岸上。

最后被拉出来的是鲸鱼的胃。它是鲸鱼身体里最大的内脏,有四五米长,好几吨重。当人们把鲸鱼的胃从它肚子里拉出来后,忽然发现它在不停地颤抖,好像里面有什么东西在动。老船长走向前,仔细观察了一番,然后用剖刀将它慢慢割开。"天哪!"你们猜他看见了什么?

原来是巴尔特里,他正躺在鲸鱼的胃里。人们欢呼着将他从鲸鱼的胃里抬出来,赶快用小木船将他运到了岸上。一个小时之后,巴尔特里被送到了附近的一家医院。经过几个月的治疗,巴尔特里终于恢复了知觉和记忆。他一时间成了轰动的人物,被多家报刊的记者争相采访。

113. 巴尔特里在鲸鱼肚子里是怎样活下来的?

从人类开始捕鲸的那一天起,除了德热莫斯·巴尔特里一个人从鲸鱼肚子里死里逃生外,还没有其他人能逃过厄运。巴尔特里的这次幸运存活,引起了科学家们的极大关注。那么,巴尔特里鲸腹逃生的奥秘究竟是什么呢?

科学家们研究的结果表明,巴尔特里刚好是在鲸鱼张着大嘴的时候掉到鲸鱼食道的,因而避免了被鲸须划伤的危险。当他滑进鲸鱼食道以后,鲸鱼因受伤后不断露出海面张闭嘴巴,就是被拖到岸上也是张着嘴的,因而保证了巴尔特里在鲸鱼肚子里可以呼吸到氧气,不至于被憋死。人体的正常体温是36.5℃左右,而鲸鱼的体温是35.5℃左右,只比人体体温略低一点,不至于使他的主要器官的组织坏死。最关键的一点是,巴尔特里掉进鲸鱼肚子里的时间并不很长,因而保证了他活下来的可能性。

巴尔特里虽然在鲸鱼肚子里存活了下来,但是由于鲸鱼肚子里强烈的胃酸,将他的全身皮肤都侵蚀腐蚀,更由于缺氧的影响,他的心肺也受到了不同程度的伤害。虽然他没有在鲸鱼肚子里死去,但这位原先青春活泼的捕鲸能手从此以后却几乎完全丧失了劳动能力。

114. 独闯太平洋的日本人是谁?

蓝色的大海,浩瀚无边,海水潮涨潮落之中,融入了多少人的梦想。日本探险家堀江谦一从小就热爱大海。他最大的梦想,就是乘人力小艇独闯太平洋。

所谓人力小艇,就是在不带任何外力的作用下,靠脚蹬螺旋桨推动小艇前进。靠这艘小艇独闯太平洋,其难度可想而知。1992年10月27日,年届54岁的堀江谦一,驾驶着他的人力小艇出发了。这只小艇长7.9米,宽1.8米,重550千克。他准备从夏威夷瓦胡岛出发,穿越太平洋,历时110天,总航程7500千米,终点是日本的冲绳岛。

在堀江谦一的航行中,如果是风平浪静的日子,脚蹬螺旋桨急行于大海中,犹如平地骑自行车一样,的确是一件十分惬意的事;但如果遇到狂风巨浪的恶劣天气,也只好随风漂流了。为了使航行的过程不寂寞,堀江谦一给自己安排了丰富的业余生活。他带了20本书,白天可以听广播,书是他晚上最好的伙伴。业余无线电爱好者给了他这次航行最大的帮助,他们每天定时发送新闻电波给堀江谦一,有天气预报,有海洋知识。堀江谦一在航行中克服了重重困难,终于在3个多月之后到达了冲绳岛。

当他从小艇中走出,来到欢迎他的人群中时,人们将最美丽的鲜花和热烈的掌声,送给了这位勇敢的人。

征服自然是永无止境的,征服后的快乐也是终生难忘的。

115. 古罗马青铜器是怎样重见天日的?

意大利南端布林迪西省武装部队的长官路易戈·罗布斯托少校是一个极其喜欢玩水的人。1992年7月19日这天傍晚,路易戈·罗布斯托少校又和往常一样来到了亚得里亚海,他一鼓作气潜入水下25米深处。第一次下潜到了这么深的海底,罗布斯托既害怕又兴奋。当他一边观赏一边游泳时,突然,有几个绿色的脚趾映入了他的眼帘,罗布斯托吓了一跳,他以为那是一个死人的脚趾,刚想离去,但好奇心又使他游向那几个绿色的脚趾。

原来,这个地方曾经是古罗马时代的奥斯蒂亚港口。意大利水下考古研究所的专家们在接到罗布斯托提供的这条重要线索之后,立即成立了由考古专家和技术人员组合成的考古队。他们深入海底,一下子从这里挖出了大批的青铜头像,其中也包括一些手臂和手指。为了对这片海域进行一次彻底的搜索,意大利的考古队员们每天有12人分6组潜入到海底,每个小组在海底工作1个小时。他们采用现代化的手提金属探测器,只要探测器发出叫声,便在该处用一个白色的软木浮做上标记,然后再返回挖掘。

到现在为止,在这片海域发掘出的青铜雕像主要有女人头像、裸体躯干雕像、穿宽袍的男人雕像、半侧头像、巨臂以及头部碎片和各种各样的手。由罗布斯托少校偶然的一次水下探险而发现的这些古罗马时代的青铜器,为人类了解古罗马民族提供了极其重要的线索。

116. 佩龙·布勒东打破了"80天环游地球"的纪录了吗?

19世纪法国作家儒勒·凡尔纳创作了一部世界海洋名著《80天环游地球》。小说中的主人公菲莱亚斯·福格用80天的时间,战胜了各种各样的困难,驾船完成了环游地球的壮举。小说一发表,就引起了广泛的阅读,书中那些充满浪漫色彩的海上航行探险活动,激励了一代又一代航海探险者的斗志。1990年的某一天,一群法国航海家又重新津津有味地读起了《80天环游地球》这部书。他们作为具有深厚航海民族血统的法兰西人,不禁被书中的描述打动了,决定以小说为蓝本进行一场比赛,看谁能打破菲莱亚斯·福格80天完成环球航行的纪录,成功者将获得15万美元的奖励。为了打破这项纪录,许多航海家跃跃欲试。1993年1月31日,法国航海家佩龙·布勒东驾着"海军准将探险家"号机帆船,从出发地拉博勒开始了打破80天环游地球纪录的壮举。应征参赛的还有另外两艘船。在南大洋海域,佩龙·布勒东驾驶的小船遭到了特大的暴风雨,差一点倾覆到海里,其中有两次是死里逃生。参赛的另两艘船都因船体损坏而被迫退出了比赛,只有"海军准将探险家"号继续只身奋力前行。2月18日,佩龙·布勒东驾船来到了好望角东面,在这里,又遇到了一场大风暴。20米高的巨浪把小船卷到峰顶又重新抛到谷底,茫茫大海中,小船就像一片树叶在风雨中飘摇,时刻都有船翻人亡的危险。可是,在佩龙·布勒东的驾驶下,小船竟然奇迹般地闯过了难关。在合恩角,狂风以84节的速度将小船推向火地岛的岩壁,就在小船即将撞上岩壁的时刻,老天保佑,风向突然转变了,把他们又"刮"进了大西洋。在返回途中,小船又与两头20吨重的抹香鲸相撞,船体被撕开了一条2.5米长的大口子。但尽管如此,佩龙·布勒东驾驶的小船仍一往无前地奋力航行,终于在4月20日,这艘伤痕累累的小船回到了出发地。时钟记下了全部航程所花的时间是79天6小时15分56秒,而有记载的小船环球航行记录是109天。

117. 第一个泅渡大西洋的人是谁?

哥伦布是第一个乘船横渡大西洋的人,而法国人吉·杜拉瑞则是游泳横渡了大西洋,成为第一个泅渡大西洋的人。

这次泅渡,他从西非佛得角下海出发,一路向西,朝着位于加勒比海东部的巴巴多斯岛进发,全程3700千米,将创造一个新的吉尼斯世界纪录。1994年12月16日,42岁的杜拉瑞在一个长11.25米,重150千克"筏子"的陪伴下出发了。他在海上过着由高科技管理的有规律的生活。他每天5点30分起床,6点吃早餐,然后一直忍到晚上再进餐。7点30分他对计算机等高科技装置进行校正,然后穿上泳装,套上脚鳍、面具,戴上控制筏子的电子腰带,8点钟开始游泳。他每隔两小时休息10分钟,休息的时候,他利用无绳电话将搜集到的海洋、气象、生物和医学各个学科领域的信息发往巴黎,同时他自己也对其进行相关的分析,及时掌握海上的气象变化。

这样,在一天中他除了游泳10个小时外,其他时间都在筏子上度过。晚上,筏子随海流与风向西漂流。他的脑电波由通信卫星发送到巴黎,由那里的志愿者随时监视他的睡眠状态,一旦有情况,由志愿者唤醒睡眠中的他。虽然从表面上看杜拉瑞是只身一个人泅渡大西洋,实际上,他的行为是在现代科技的保护和许多志愿者的协助下才得以完成的。

1995年2月9日,杜拉瑞终于登上了加勒比海沙滩,在欢迎人群的簇拥下,他忘记了一切疲劳,脸上露出了胜利的微笑。

118. 是谁开拓了进入海洋最深处的航线?

在世界海图上,有一条深蓝色的长线横卧在日本以东至关岛附近的海面上,这里就是地球上最深的地方——马里亚纳海沟。马里亚纳海沟最大的深度是11034千米,它还有另外一个名字,就是被全世界英勇无畏的探险家们命名的"挑战者"海渊。对于这道深渊,在许多探险家探险失败之后,瑞士物理学家奥古斯·皮卡尔教授又向它发起了英勇的挑战,他会成功

海洋探险

吗?

当时,在设计深潜球时面临着两个难题:一是随深度的增加,球壳会又厚又重;二是下潜得越深,缆索越长,球体的颤动就增加,因此下潜的深度一直徘徊在1000米左右。皮卡尔大胆地将气球密闭舱的原理应用在深潜领域,创造出了新一代的自航深潜器。人们把这种深潜器形象地称为"水下气球",皮卡尔把它命名为"FNRS-2"号。

"FNRS-2"号试潜成功后,皮卡尔又设计了两艘新的深潜器,一艘是在法国制造的"FNRS-3"号;另一艘是在意大利的里雅斯特港建造的"的里雅斯特"号。1960年新年刚过,"的里雅斯特"号深潜器由"温达克"号船拖着,驶向太平洋马里亚纳海沟。1960年1月23日,皮卡尔和美国海军中尉沃尔什驾驶"的里雅斯特"号开始了下潜的征程。

"的里雅斯特"号的耐压球直径2米,壁厚127毫米,能承受1500个大气压,完全能够保证他们安全下潜

到1100米的深海世界。12点6分,当皮卡尔在海底10916米的深度用电话对总部呼叫时,整个控制室都沸腾了。

"的里雅斯特"号取得深潜冠军后,又多次进行水下调查,对深海探索作出了巨大的贡献。皮卡尔的名字也被人们永远地记在了心中。

119. 残疾人也能驾驶帆船环球航行吗?

残疾人驾帆船进行环球航行,这样的情形大家相信吗? 1996年,英国帆船协会组织了一次特殊的国际环球航行大赛。在参加比赛的14艘帆船中,一艘名叫"时代与潮汐"号的帆船引起了人们的注意。因为这艘船上的驾驶员和船员全都是残疾人和重病患者。

这艘船的船长是在一年半中连续做过8次心脏修补手术的哈兹弗尔德,他率领的这支船队包括2名聋人、1名失明者、2名癌症患者和1名截肢者。由残疾人组成船队进行环球航行不仅在英国是第一次,在世界帆船史上也是"独一无二"的。

担任水手的保罗·伯恩斯在17年前曾是一名巡逻兵,在一次爆炸中,他失去了左臂。他对大家说:"我之所以参加这次比赛,就是为了让健康的人增加对残疾人的信任感。"他一直认为社会只对他们予以照顾,而从不指望他们能为社会做点什么,而这一点恰恰使他感到"伤心和痛苦"。

最有趣的是,具有丰富航海经验的商人理查德担任了导航员,他在失明前曾长期从事黑夜航行的导航

工作,因而他幽默地对大家说:"我权且把这次航行的白天也当成黑夜好了。"因为船上有两名船员是失聪者,因此船长要求每位成员都会手语。他们还为各种工具标上色码,以帮助两位因患癌症而视力受损的队员能顺利操作。

此次环球航行将用8个月的时间完成,总航程为5万多海里。船员们乐观的精神为这次航行打下了坚实的基础。当他们到达目的地、胜利返航后,受到了人们的热烈欢迎。他们这次航行的成功,对残疾人协会及整个社会都有着积极的影响。

120. 海底打捞探险的目的是什么?

茫茫无垠的大海深处,藏匿着无尽的宝藏。对现代人来说,大海的宝藏不仅仅来自海水中和海床之下,还来自于以往随沉船而沉入海底的无数珍宝。

考古队员在海底打捞文物

前些时候，英国牛津大学的一个海洋考古小组在马来西亚巴生港附近沿海发现并打捞起16世纪的荷兰商船"拿骚"号的残骸。据史料记载，这艘船是1606年在葡萄牙与荷兰的一次海战中，连同其他西班牙大帆船一起被击沉的。

这次发现收获颇丰，打捞上来的珍品包括数千枚银元，按现在的行情，每枚价值都在155美元以上，还有大量中国瓷器。据推测，这些瓷器是当时荷兰船队从路过的中国商船上抢来的。另外使这些探险者们兴奋的是，他们还打捞上来一门当时制造的重达3吨的铜炮，炮身上的制造日期清晰可见，炮膛内还有一发尚未发射的炮弹。如今这门古炮价值连城。

"拿骚"号的发现，只不过是众多海底探宝行动中一个成功的例子，由于这几乎是一本万利的行当，所以众多探险者都想来碰碰运气。对一些人来说，海底寻宝探险，追求的不仅仅是海底宝藏和财富，而是冒险和揭开谜底的刺激。

121. 高桥素晴的单人横渡太平洋探险为何被判无效？

1996年9月13日，对于14岁的日本少年高桥素晴来说，是个终身难忘的日子。因为在此一个多月前，他从东京的梦之岛出发，独自一人扬帆横渡太平洋，历时55天，航程9600千米，将在这天下午抵达太平洋彼岸的美国旧金山靠岸。但是，他怎么也想不到，在他靠岸时，他的单人横渡太平洋探险却被判无效。你知道这是为什么吗？原来，在人类进入20世纪以后，随着科

学的进步,人类的海上航行特别是横渡太平洋,已算不上冒险了。因为船上可有多种通讯设备让航海者利用。但是,在船上众多的航海设备中,有一种叫卫星呼救系统的设备是万万不可轻易动用的。只有在航海者的生命安全遭到威胁的紧急情况下,或者航行无法继续等迫不得已的情况下才能使用。而一旦使用了卫星呼救系统,航海者所处位置辖区的有关国家海岸警备队就会马上出动,附近如果有其他船只也会主动赶去救援,不过航海者的航海探险计划也随着卫星呼救系统的使用而告吹了。高桥素晴在单人驾船横渡太平洋,越过国际日期变更线后,曾3次按下使用卫星呼救系统的按钮,目的是想告诉人们自己所处的位置。但是,一旦按下卫星呼救系统的按钮,就等于宣告航海的终止,不了解这一点就不具备一个海上竞技者的资格。单人横渡的海上探险活动,要靠个人素质、道德水平去约束航海者个人的行为,只有这样才能实现帆船运动的目的,即培养航海者敏锐的判断力、出色的航海技术和临危不乱的坚强意志。而高桥素晴却在号称是单人横渡太平洋的航海探险中,违反规定和规章,缺乏过硬的航海本领和丰富的航海经验,因此,他的探险被判无效也是应该的。高桥素晴的事例从反面告诉我们这样一个道理:一个真正的航海探险者除了具备健康的身体、丰富的经验、高超的航海技术和坚强的意志品质外,还必须具有实事求是的科学探索精神和高尚的职业道德情操,绝不能贪图名誉、弄虚作假,靠欺骗达到个人的目的。

122. 海上漂流 8 个月还能生还吗?

在茂密的丛林中无依无靠地生活上几个月,你一定觉得是多么的困难和可怕,而在无边无际的大海上漂流 8 个月,你又会感觉如何呢?

1997 年 8 月 29 日,基里巴斯首都塔拉瓦岛的渔民塔奥提亚和他的大舅子白瑞纳、小舅子塔布凯 3 人一起出海捕鱼。他们的船约 4.5 米长、2 米宽,尾部配有一台 10 马力的发动机。当天,他们捕了许多鱼,下午准备返航时,突然发现马达出了机械故障,直到夜幕降临,他们仍未修好,于是他们被迫开始了漂流。3 天后,尽管他们省吃省喝,仅有的用于充饥的干粮和饮水还是全部用完了。他们把船上能用于捕鱼的钩子和网收好,并由专人保管,把装燃料用的塑料桶洗净作为储雨水的水桶,一切准备好以后,他们便在海上漫无目的地漂流着,任凭风吹雨打,不洗脸不洗澡。每天一见太阳就开始祈祷,接着捕鱼果腹。

已记不清在海上漂流了多少天,大概是 1998 年 1 月底的一个清晨,一条硕大无比的鲨鱼出现在他们眼前。巨鲨足有小船的 3 倍大,3 位渔民几乎昏厥,他们屏住呼吸,紧张异常,除了心脏跳动外,他们无任何动静。由于漂流数月,不换衣不洗澡,他们身上全是大海的味道,巨鲨围着小船绕了 3 圈后离开了。大难过后,3 人庆幸死里逃生。

大约是 1998 年 4 月 3 日,太阳当头照,他们幸运地遇上了一艘万吨级货船,并被救起,至此结束了他们 3

人可怕的长途漂流。

这3位渔民在逆境中依靠他们极强的生命力,创造了奇迹。

123. 杰西·马丁是如何完成环球旅行的?

澳大利亚青年杰西·马丁年仅18岁,他独自驾驶一条11米长的小船克服了重重困难,完成了5万千米的环球旅行。

杰西·马丁自幼就酷爱大海,经常去海边玩耍,从小便喜欢在海水中嬉戏。他还阅读了大量关于海洋的书籍,了解了许多关于海洋以及野外生存的知识,并立志将来独自驾船环球旅行。

1998年12月6日,年满18岁的马丁告别了亲人,自驾小船从家乡墨尔本出发开始了他漫漫的万里征程。开始时他兴奋不已,多年的梦想终于成真了,但一个星期以后,一切他所未见过的困难便接踵而来。恶劣的天气、缺少淡水、寂寞等等,一切似乎变得不再美好。然而,马丁毕竟是坚强并充满信心的,他利用自己从小到大积累的求生知识以及与生俱来的对大海的执著,一次又一次地克服了困难,战胜了自然,战胜了自我,成功地返回了家乡墨尔本。

当他的船开进港口时,他受到了数千人的热烈欢迎。马丁走路有些晃晃悠悠,但非常兴奋。他说:"回到人群中间,闻到土地的气息,感觉真是妙极了。我于周末就来到了港外,吸了第一口气,好家伙,真甜。"显然,他的话还带有孩子气。然而,母亲对他的评价却是从小内向,但自信、机灵。

朋友,看完马丁的壮举,你是否被他的自信和勇气折服了呢?

124. 第一个横渡渤海海峡的中国人是谁?

所谓横渡海峡,就是不借助任何漂流物游完一个海峡,这期间,吃喝拉撒全在海水中进行。但是,横渡没有时间下限。

2000年8月8日,北京体育大学的教师张健决心横渡渤海海峡,创造一项新的世界纪录。早上8时,随着一声令下,张健从下水仪式现场跃入了海中。半个小时后,指挥部通过无线电祝贺他已经冲过了激流区。这对张健来说是个巨大的好消息,因为在老铁山南岬角海域,涌流最快可达6节,说不准就会被涌流冲走,越过了这里,他的心中充满了希望。

在横渡过程中他一直靠服用高能营养棒补充营养和能量。但是,他感觉胃里总是空荡荡的,小渔船上的工作人员不时把灯光照到张健身上,一阵阵哨声鼓励他继续前进。海面上风急浪大,张健只能保持平均游泳速度前进,历经千辛万苦,张健终于游到了目的地。

上岸后,他对记者说:"我分明听到胜利的呼唤,于是开始玩命向前拼,可是越拼越到不了岸,海上的风浪又大了起来,我没有想到顶峰冲浪有这样困难,明明眼前一两百米就是海岸,可就是上不了岸。当我的脚触到沙滩时,我脑海中闪过的第一个念头就是:我终于游过了!"

海洋探险

2000年8月8日至10日,中国人张健成功横渡渤海海峡,全程109千米,创男子横渡超过100千米海峡的世界纪录。

125. 第一个横渡英吉利海峡的中国人是谁?

2001年7月13日是值得每一个中国人骄傲的日子。在这一天,北京获得了举办2008年奥运会的举办权。申奥成功的喜悦感染着每一个炎黄子孙,人们为之激动,为之自豪,五星红旗在每一个有中国人的地方高高飘扬!

北京体育大学的张健在成功横渡了渤海海峡之后,又按捺不住心中的喜悦之情,决心再一次出击,横渡英吉利海峡。英吉利海峡最窄处从英国的多佛尔到法国的加来,全长33.8千米,与渤海海峡相比虽然路程短,但是难度大。英吉利海峡的水温低,水流变化大,英国渡海协会要求每一名横渡者不能穿有保温作用的游泳衣。与欧美人相比,亚洲人的抗寒冷能力较差,因此,此次横渡英吉利海峡对张健来说是机遇,但更是一次全新的考验。

2001年7月29日,张健在英国的多佛尔海岸开始下水横渡英吉利海峡。横渡这天,老天对张健特别照顾,天气格外晴朗,海上也显得风平浪静,就连张健也说自己的运气特别好。英吉利海峡的常年水温只有15℃~16℃,可是29日这天的水温最高达到了19℃。经过12个小时的奋斗,当张健游到法国加来的海滩时,他终于成了第一位横渡英吉利海峡的中国人。这次历时12个小时的横渡震撼着每一个中国人的心,人们为张健呐喊,为祖国助威,也为自己是一名中国人而倍感自豪!

126. 世界上第一位横渡大西洋的女性是谁?

1990年8月3日,弗罗朗丝独自驾驶一艘大型金色三体帆船,仅用9天21小时42分,便从美国的纽约港航行到达英国的最南端,创造了只身横渡大西洋的新的世界纪录,比原世界纪录缩短了30多个小时。

这位年已33岁、身高仅1.63米、体重55千克的女强人被誉为"世界上第一位敢与男人争雄横渡大西洋的女人"。

弗罗朗丝从小就热爱大海,酷爱锻炼,特别酷爱游泳、冲浪和驶帆。她年轻时经历的许多挫折始终没有能改变她征服海洋的决心。

在横渡大西洋的时候,她只身一人驾驶着"皮埃尔一世"号三体帆船。但天有不测风云,海面上刮起了时速达100多千米的飓风。有些选手知难而退了,但弗罗朗丝凭着坚韧的毅力,与大海、病痛等作着顽强的斗争。她镇定自若,或吃些易吸收的食品,或抓紧时间在震耳欲聋的浪击声中睡上片刻。11月7日,她已领先其他对手1800多米。但随后困难便不断出现,气象图判断器停止了工作,驾驶舱内仪表盘也失灵了,自动驾驶仪、无线电、电传机也坏了,弗罗朗丝彻底与外界失去了联系。但她并未灰心,而是以惊人的毅力坚持每天驾船20小时以上。

海洋探险

11月18日早晨,弗罗朗丝以第一名的身份率先驶入了皮特尔角城港口,冲过终点时,成千上万的欢迎者涌上海堤,向这位女强人致意。

弗罗朗丝以惊人的毅力战胜了大自然,战胜了技术上和身体上的各种困难,也粉粹了某些人的怀疑,以亲身行动证实了自己不愧为世界上一名真正的女强人。

127. 世界上第一个独自划船横渡太平洋的人是谁?

太平洋是世界第一大洋,烟波浩淼,水光连天,即使是乘坐最现代化的航船横渡太平洋,也是惊险万分,而要独自一人划船横渡太平洋并且丝毫也不能借助外力,那难度简直是无法想象的。可是,就在人类刚刚跨入21世纪的大门不久,就有一位年已54岁的英国冒险家成为世界上第一个不借助外力、独自划船成功横渡太平洋的人,这个人就是谢卡尔。

谢卡尔曾是一名工程师,后来又做过电脑销售员,但他最大的志趣还是划船横渡大洋的探险活动。1977年,谢卡尔曾与一名同伴一起,用65天的时间划船横渡了异常艰险的大西洋。这次横渡的成功,极大地激发了谢卡尔独自横渡世界第一大洋太平洋的决心。经过周密的准备和科学的训练,谢卡尔终于踏上了划船独自横渡太平洋的漫漫征程。2000年6月29日,谢卡尔离开南美洲的秘鲁,在经过1.9万千米、274天的海上艰苦航行后,于2001年3月30日下午,终于到达了澳大利亚东海岸的布里斯班,完成了惊人的横渡太平洋的壮举。只不过美中不足的是,就在谢卡尔驾驶的小船即将到达终点时,由于海上风大浪急,谢卡尔7米长的小船不幸被海浪掀翻,落水后的他被迫游完了最后的100米旅程。由于长期在海上航行,历尽沧桑的谢卡尔头发已经灰白,满脸变得胡子拉碴。尽管如此,谢卡尔仍然非常留恋这长达9个月有惊无险的横渡航程。谢卡尔的壮举不仅让他的家人惊喜万分,就是全人类也应该为之庆贺和骄傲。因为任何一项航海探险的成功,都标志着人类征服海洋的巨大进步,谢卡尔的成功也理应属于这一辉煌的航海壮举之列。

128. 2001年驾车试图穿越白令海峡的探险家是谁?

白令海峡是以探险家白令的名字命名的,它的西面是俄罗斯的西伯利亚,东端是美国的阿拉斯加州。白令海的海水通过海峡流向北极。要想穿越白令海峡,一般情况下只能乘船通过。可是,2001年3月17日,两名英国探险家史蒂夫·布鲁克斯和格雷厄姆·斯特拉特富德离开伦敦,前往美国阿拉斯加州的诺姆,希望成为借助陆上工具穿越白令海峡的第一人。说到这里,大家也许会疑问,路上交通工具比如汽车怎么会穿越波涛汹涌的海峡呢?这要从白令海峡的特殊性讲起了。当温度降到零下70℃以下时,海峡水面上会结起大量浮冰,浮冰在海面上交错堆积,就会形成一条连接白令海峡两端的冰造浮桥,这就使利用陆上交通工具成功越过海峡成为可能。值得注意的是,白令海峡里的浮冰绝不像北方冬天小河中结的冰那样一动不动,而是仍以每小时5千米的速度平缓地漂向北极,这

就增加了驾车穿越白令海峡的难度。而且,白令海峡里一年当中也只有几个星期的时间有"冰桥",让人们驾车通过。当然,他们两人所驾驶的车也绝不会是我们平常在公路上随处可见的汽车,而是酷似橡皮船的特制雪上汽车"雪鸟"5号。它由一辆雪中牵引车改造而成,车上装有两个大气缸,这样,即使行进途中冰块突然破裂,汽车也能浮在水面上。同时,他们还要穿上橡胶救生衣,并带上枪以防遇到北极熊的袭击。他们这次行动的计划是,先从诺姆出发,驾车270千米到达白令海峡岸边,从此开始探险旅程。不论他们成功或失败,都将为人类探险海洋、征服海洋的历史写上辉煌的一笔。

海洋探险

现代极地探险

129. 踏上地球"三极"的中国女性是谁?

看完这个题目,大家是否很吃惊?踏上地球的"三极",而且还是一位女性,真有这样的事情吗?

中国香港的著名摄影家、旅游家、美术设计家李乐诗女士就是这位踏上"三极"的中国女性。李乐诗于1946年出生,她自幼喜欢大自然,对文学艺术有特别浓厚的兴趣与爱好。从1970年开始,她遍游中国及世界各地名山大川,由此掀开了她人生中环球航行的壮丽篇章。1985年恰好是国际和平年,11月,李乐诗以中国第二次南极考察队队员的身份赴南极探险和摄影,从此之后,她成为第一位踏上南极和中国南极长城站的香港女性。从南极回来之后,李乐诗又出版了一本摄影、散文集《李乐诗南极旅情》,里面详细描述了她在南极的亲身经历和深切感受。

有了一次在南极地区考察的经历之后,李乐诗给自己制定了下一个目标,那就是到北极去。1993年春天,为了给中国预计1995年派出的北极考察队探路,李乐诗作为先头部队,直接进到了北纬90度地区,她和队友们仔细考察北极考察的路程、地点、时间,最终满载着收获归来。她在北纬89度57分处以自己的身体作旗杆,手拿鲜艳的中国国旗,拍了一张非常有意义的照片。

在此之前的1992年,李乐诗又以惊人的毅力从尼泊尔一侧攀登,历尽艰险,前进到珠峰地区海拔5000米高度,实现了她踏上地球屋脊珠穆朗玛峰的夙愿。

李乐诗女士的这种不畏艰险、永不服输的精神,值得我们很好地学习。

130. 第一次进入北极圈的中国人是哪一位?

你知道首次进入北极圈的中国人是谁吗?他就是武汉测绘科技大学的教授高时浏。

高时浏教授在加拿大多伦多大学获得了应用科学硕士学位,然后作为中国学者受聘于加拿大大地测高局,并随加拿大勘测组到北极进行了科学考察,成为第一个进入北极圈的中国人。1952年,高时浏回国后,对记者说:"我当年去北极是为人家去的,这些年来,我一直希望祖国的科学考察队能开进北极。"

1991年8月1日,德国调查船"北极星"号载着44位船员和来自德国、加拿大、挪威、瑞典、瑞士、美国及苏联等七国的53名科学家驶进北极,开始了名为"国际北极海洋考察北纬91度"的大规模国际合作科学考察活动。船上的44名船员中有3名中国海员。9月7日,

"北极星"号沿着罗蒙诺索夫海脊航行到北极点。科学家和船员们纷纷扛起自己国家的国旗和采样设备下了

极地探测

船。船上的3名中国船员分别是上海的屠剑锋、香港的俞忠良和台湾的杨建章。到达北极后，3名中国船员自然也要到北极点上去看一看，拍照留念。当他们走下船后，只见北极点标志牌旁已插满了各国的国旗，他们一合计，也要将中国国旗插到北极点上。可是谁也没带中国国旗啊，那就开始做吧。下午3点钟，鲜艳的五星红旗在北极点上迎风飘扬，中国人在北极再次留下了足迹。"北极星"号驶离了北极点，1991年9月7日至8日，中国的五星红旗在北极点上空共飘扬了20个小时。

131. 中国首次北极科学考察是在哪一年？

1995年5月6日10时55分，这是一个值得纪念

的时刻,也是一个值得骄傲的日子。因为这一天,中国首次北极科学考察队的7名勇士徒步登上了北极点。

北极地区系指北极圈以北的陆地和海洋,是我国尚未开展正规科学考察与研究的领域。由于特殊的地理位置,北极科学考察的地位和作用变得越来越重要了。在南极考察的基础上,国家地震局地质研究所的研究员位梦华发起并组织了中国首次北极科学考察活动,考察组包括15名科学家和10名记者。

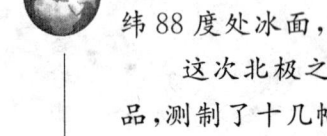

1995年3月31日,考察团从北京启程飞赴纽约,在那里进行一段时间的冰雪训练。4月23日凌晨,中国和美国北极考察队全体成员飞抵加拿大的雷索柳特,并在那里设下大本营。当天上午,中国考察队的7名冰上队员和美国考察队一起乘小型雪上飞机飞抵北纬88度处冰面,在那里开始徒步或滑雪向北极点出发。

这次北极之行,中国科学家共采集了500多件样品,测制了十几幅剖面图,记录了上万个科学数据。它为我国从"整体地球系统"的角度直接参与国际北极科学活动提供了重要的资料,有着深远的科学意义。

132. 登上南极最高点的第一位中国人是谁?

大家对于在内陆地区的登高并不感到稀奇,可如果把地点换在南极,你感觉怎样呢?

1996年11月至1997年3月,中国极地研究所副研究员李院生同志受中国极地考察办公室和中国极地研究所的派遣,作为交换学者,以观察员的身份参加了日本第三十八次南极科学考察队。

李院生是1996年11月14日从日本东京登上日本"白濑"号极地破冰船赴南极的。内陆考察行动于12月20日开始,至1997年2月10日结束,在野外历时53天,内陆往返总行程2200千米,到达了海拔高度3810米的南极内陆高原点。他是继我国第一位徒步横穿南极的科学家秦大河之后,又一位深入南极内陆最远的科学家,也是登上南极内陆最高海拔的第一位中国人。

回国后,李院生副研究员深有感触地说,南极作为人类社会共有的一块极地,应该在发展中加以保护,这一使命首先应由各国的科学家承担起来。只有将它较好地保护起来,我们才能继续进行科学研究。

133. 古人想象中的"南极"是怎样的?

人类在不断的进化过程中,想象力也在不断提高,对于许多未知的地方,总会有许多不同的想象。南极大陆很早就被称为是"谜一样的地方"。远在2000多年前,古希腊、古罗马的天文学家、地理学家就充满着幻想地猜测,在那遥远的南方,一定还会有一个和北方一样大小的土地,只有这样地球才是平衡的,否则地球就会因为偏重而翻转过来。南极大陆,在当时人们的想象中一定是一个气候温暖的地方,那里有肥沃的土地,美丽的花朵,取之不尽的黄金和用之不竭的矿藏。他们还给南极大陆取了一个名字,称为"未知的南方大陆"。

在公元1世纪,罗马的一位地理学家梅拉曾经作过一个想象中的南半球模型。公元150年前后,希腊天文学家托勒密精心编制过一幅世界地图,这幅地图一直沿用了1000多年,在这幅地图上,托勒密还想象地画出印度洋南端为一片未知的大陆所包围。

在我们今天看来,尽管这些天文学家、地理学家们对地球的平衡概念是十分滑稽的,但他们那些美好的猜想,却使得很多后来的探险家为之神往。

古人们对之寄予了无限深情和向往的"未知的南方大陆",实际上充满了迷航的浓雾、恐怖的风暴和骇人的冰山,因此使许多探险家为了寻找它而一去不复返。然而,有想象总是美好的,难道不是吗?

134. 别林斯高晋的探险目的是什么?

1819年,当俄国政府着手组建南极探险队,以寻找库克船长50年前没有找到的南方"未知大陆"时,海军中校别林斯高晋被推荐为南极探险队领导人。他们的主要任务是:在南极地区最近的地方进行发现航行,以便获得有关我们这个星球的最新知识。

1819年7月,别林斯高晋率领船队出发了,同年11月到达巴西里约热内卢。船队在这里稍做停留后继续向南航行。1820年1月,船队驶抵南图勒,它是由库克船长发现并命名的,由3个高耸的岛屿组成,上面还覆盖着永远不会融化的冰雪。船队从东面绕过一座冰山之后朝东南方向前进,首次越过了南极圈。他们在充满浮冰的海上,冒着暴风雨,共3次穿过南极圈。2月2日,他们到达了这次环球航行中最南的位置——南纬69度25分,西经1度11分。由于当时天气恶劣,他们没有发现位于南面仅53海里的南极大陆的毛德皇后地海岸。

1821年1月,船队在南纬69度22分、西经92度28分的地方遇到了冰障,不得不后退。在向东的航行中发现了一个海岛和一片陆地,分别被他们命名为彼得一世地和亚历山大一世地。他们穿过太平洋最东南部的海域,也就是现在的别林斯高晋海,然后掉船北行。

1821年8月,船队胜利回到喀琅施塔得港。按地理发现成果而言,别林斯高晋在南纬度海

别林斯高晋像

完成的环球航行,是19世纪最伟大的航海事件之一。

135. 是谁发现了南北磁极?

1831年,詹姆斯·罗斯乘雪橇从东至西横穿考察了布西亚半岛,他在该半岛西岸即北纬70度5分、东经96度46分处首次发现北磁极。但是,他对南极大陆是否真正存在南磁极却信心不足。为了对地磁学研究作出更大的贡献,他受命率领船队去南极水域考察。

1840年11月,罗斯率队离开霍巴特向南航行,不久,海上刮起了大风,强烈的西北风使罗斯的船队向东偏离了预定的航线,到达了东经170度线。而这条经线的正南恰恰就是南极大陆的最大内海——后来被人们

命名为罗斯海的位置。这就使罗斯找到了一条更加深入南极的航线。在接下来的航行中,他在南纬70度、东经171度处看到被冰雪覆盖的陆地,并以英国维多利亚女王的名字把它命名为维多利亚地。在此后,他继续向南航行,很快打破了前人库克、别林斯高晋、威尔克斯、迪维尔和威德尔创造的南极航行纪录。

1841年1月29日,罗斯在180度子午线上达到本次航行的最南方,也就是南纬78度。罗斯在这里看到了南极最有名的冰架,罗斯将其命名为罗斯冰架前缘。然后他掉转船头向北航行,在德国学者卡尔·考斯所指出的纬度线上寻找到了南磁极,并准确无误地测定出了南磁极的位置。罗斯在找到了离海岸线约300千米的维多利亚地之上的南磁极之后,于同年的4月6日回到了霍巴特港。

罗斯的这一意外发现,给地磁学的进一步研究作出了巨大的贡献。

136. 谁是第一个到达北极点的人?

1856年,罗伯特·埃得温·皮尔里出生在美国宾夕法尼亚州,他是世界上唯一以北极点为终身目标奋斗并取得最后胜利的人。

大学毕业后,皮尔里以工程师的身份加入美国海军,开始了让人提心吊胆的探险生涯。1886—1895年,皮尔里3次探险格陵兰岛,但都以失败告终。1898年,皮尔里第四次北极探险中,因严重冻伤不得不切除了8个脚趾,只留下每只脚的大拇指。此时此刻,皮尔里非常难过,痛定思痛之后,他在避难小屋的墙壁上挥笔写道:"不达目的,誓不罢休!"

1909年2月8日,皮尔里又一次向北极点进军,接受前几次的教训,这次,他不再设仓库,而是各路人马同时前进。3月11日,他们到达北纬85度23分处,3月底,又到达北纬88度。稍做休息之后,皮尔里和他的黑人奴仆及4名因纽特人,带着5架雪橇,挑选了40只好狗,向北极冲去。天公作美,连日的晴朗天气使他们行进十分顺利。4月6日,皮尔里胜利地来到了北极点!

皮尔里兴奋地在日记中挥笔写道:"我终于到达了北极点!300多年来探险家们竞争的目标、我23年来的梦想终于实现了。我实在没有想到北极点竟是一个如此单调、平常的地方。"

137. 首次穿越北极飞行的探险家是谁?

自从20世纪初人们发明了飞艇之后,探险家们很快就将这一先进"武器"应用到了极地探险上。1896年,瑞典组成的"飞鹰"号气球北极探险失败后,1926年由意大利航空工程师诺比尔和挪威探险家阿蒙森等组成的北极探险队,乘坐由诺比尔自己设计制造的"诺尔格"号飞艇出发了。

飞艇从罗马出发,飞过几个国家领空,航行7600千米,来到了北极圈内的斯瓦尔马群岛。5月11日,飞艇经过检修后,一切准备就绪。此次探险汇集了16位探险家,艇长就是诺比尔。当飞艇临近极点时,眼前出现了一个迷雾茫茫的世界,越往前飞,玻璃窗上的冰碴就越厚,艇里的人就越难看清灰白色的地平线。不久,飞艇越来越重,四周结满了冰块,螺旋桨将一块块冰击碎,拳头大小的冰块打得飞艇乒乓直响,就像被子弹击中一样。飞艇一降低高度就剧烈颠簸,浓密的云团把它压向高低不平的冰丘。5月12日深夜,阳光突然穿过云雾,照到结满水晶的飞艇上,银光耀眼。诺比尔突然向大家宣布:"大家准备好国旗,极点到了,我们脚下就是北极!"

美国领航员拉尔森打开舷窗,对准太阳用六分仪测量距离。他惊喜地喊着:"我们到达北极了。"阿蒙森投出了挪威国旗,诺比尔和拉尔森分别投出了意大利和美国国旗。顷刻间,3面五颜六色的国旗,在北极上空的阳光中飘扬。

这是人类有史以来首次穿越北极冰海的飞行,它对后来开通欧洲经北极到美洲的航线有着重要的经济价值。

138. 哪位勇士是乘气球探险北极的?

乘气球探险并非神话,瑞典工程师萨洛蒙·安德烈和他的两名助手,就进行了一次空前的乘气球飞到北极点的大胆尝试。他们计划从斯瓦尔巴群岛的丹尼斯岛乘气球,穿过北极点,最后到达北美沿岸。气球上带有够吃4个月的食品和能把进程通知全世界的50只信鸽。

安德烈所乘的气球是一只直径为20.5米的大气球,球面是用上等的中国丝织品制成的,外面涂有一层橡胶,以防雪雾。1897年7月11日,安德烈和两名助手走进气球的吊篮,扔掉砂袋,割断缆绳,气球就迅速升空,开始了北极探险之行。但是第二天,气球的控制

绳断了,由于失重,气球越飞越高。高空气温太低,使球内氢气温度很快下降,气球开始下降。这时,飞行是不可能了,安德烈打开气球阀门,使气球缓缓降在一块浮冰上。他们把吊篮里的东西全部卸下,装在雪橇上,开始了令人望而生畏的冰上旅行,希望到达目的地。

北极地区此时正值盛夏,气候变幻无常,浮冰不时裂开破碎。安德烈3人无法行进,只好在浮冰上任其漂流。两个多月后,他们在斯匹次卑尔根岛以东80千米的白岛登陆,并支起帐篷越冬。因为当时天气很冷,他们的帐篷封得很严实,小小的帐篷里又取暖又做饭,有毒气体排不出去,结果他们在熟睡中同时因一氧化

碳中毒死去。

当时,人们对北极知之甚少,就连它是海洋还是陆地尚不清楚。安德烈此次旅行中所留下的真实记录给以后的探险家带来了巨大的帮助。

139. 20世纪初挪威最著名的极地探险家是谁?

罗阿尔·阿蒙森出生于1872年,他从年轻时就决心要成为北极探险家。虽然他大学期间学的是医学,但他从未放弃对探险的研究。阿蒙森21岁时放弃医学转行到一艘商船上供职,以便获得船长执照,好开始自己的航海探险。

1903年,积累了丰富航海经验的阿蒙森花巨资买下一艘船身呈圆形的单桅帆船。帆船长22米,排水量150吨,取名为"约阿"号。阿蒙森准备了够用5年的食品、燃料,还有备用帆、索具、航海仪器、枪支弹药和6只爱斯基摩犬。这些东西使阿蒙森负债累累。6月17日,阿蒙森和他的6名伙伴乘"约阿"号船驶离挪威。他们沿

阿蒙森像

英国海岸北上,绕过奥克尼群岛后转向西北,25天后抵达格陵兰。然后,他们穿过浓雾笼罩、冰山密布的梅尔维尔湾,来到威廉王岛东南岸。

阿蒙森的船因被冰冻住而无法起航,他们只好在

这里过了两个冬天。1905年8月,他们终于拔锚起航,开始了第二项任务——寻找西北航道。"约阿"号船在满是浮冰的极地海区缓慢地向西北方向移动,终于驶出了后来以阿蒙森的姓氏命名的海湾,然后一直沿着海岸线航行。阿蒙森用了5个月的时间,行程1800千米,来到了白令海峡。接下来的航海中,狂风暴雨不断袭来,历经艰辛的"约阿"号终于到达了旧金山,受到隆重的欢迎,各界人士纷纷为"约阿"号的到来举行庆祝会,因为它是400多年来第一艘从大西洋经过北冰洋驶入太平洋的航船。

阿蒙森率领探险队到达南极点

阿蒙森这位开辟了西北航道的功臣,为了偿还债务,开始在美国各大城市巡回讲演,然后回国。3年后,他率探险队到南极洲,于12月14日登上了地球之巅的南极点。

140. 高斯山是怎样被命名的？

说起火山，大家一定不会感到陌生，它是由地下岩浆喷出地面而堆积成的山。经常喷发的火山叫活火山；喷发后不再喷发的火山叫死活山。我们今天所要讲的高斯山就是一座位于南极洲附近的著名火山。

那么，高斯山是怎样被探险家发现，又是怎样被命名的呢？

去南极探险是一件很危险的事情，需要探险家有超常的勇气和胆量。德国著名地理学家德里加尔斯基就是这样一位勇敢的探险家。他1865年2月9日出生在德国，年轻的时候接受过良好的高等教育，对冰川学有着浓厚的兴趣。在1901年到1903年期间，他曾率领作为国际考察计划一部分的一支探险队去过南极洲考察，并取得了巨大的成功。在此基础之上，德里加尔斯基又以他惊人的勇气和决心再一次踏上南极洲的土地。然而，组队进行航海探险并不像人们所想的那么简单，它需要做大量的准备工作，更需要有雄厚的经济基础作保证。为了实现再次登陆南极的夙愿，德里加尔斯基找了许多朋友帮助都没有成功。但是，永不服输的德里加尔斯基并没有因此而放弃他的想法。最后，在德国政府的资助下，德里加尔斯基乘"高斯"号开始了他的探险南极洲之行。

他的探险队成员都是有丰富航海经验的船员，他们在大约东经90度的地方，也就是现在被人们称为"威廉二世"海岸的地方登上了南极洲。当时的南极洲正处于冬季,到处都是冰块和冰山,他们一次次陷入了冰块的包围之中,迫于无奈只好在一座无冰雪覆盖的高山以东约 50 千米的地方停下了脚步。

细心的德里加尔斯基发现了这座高山与别的高山似乎有点不同,好像是一座时断时续喷发的火山,为了感谢德国政府对他和他的探险队的帮助,他将这座火山命名为"高斯山"。德里加尔斯基的此次航行原本是想对南极洲有一个更全面的了解和观测,但是没想到还发现了一座特殊的火山。这个发现对于地理学家德里加尔斯基来说也是一个不小的收获。

141. 阿蒙森是怎样和爱斯基摩人相处的?

罗尔德·阿蒙森的西北通道之行用了 3 年的时间,这期间在亚阿港就停留了接近 2 年的时间。

在亚阿港,阿蒙森和这里的爱斯基摩人交上了朋友。当时,爱斯基摩人还处于远古时代,他们没有铁制品,一切生产工具都是用动物的骨头制成的,男人和女人穿的衣服都是兽皮。当他们看到阿蒙森船上的刀和枪以及一些铁制品时,都很惊奇。爱斯基摩的女人们看到针和小刀能缝制衣服时,更是爱不释手。于是到小港的爱斯基摩人越来越多,而他们只有 6 个人,如果像库克船长那样发生冲突那不就"全军覆没"了吗?这时,聪明的阿蒙森想出了一个主意,他要求这些落后的民族相信他们都是法力无边的"超人"。

晚上,他和船员们商量之后,便采取行动了。他们在离船很远的岸上造了一间冰房子,屋子里埋上由电

阿蒙森的探险船队准备过冬

控制的地雷,电线从屋子的地上一直通到船上,这样房子的爆炸就可以在船上控制了。第二天,他把200多个爱斯基摩人请到船上和岸边,大吹他们是法力无边的"超人"。他站在甲板上大声喊:"只要我用手一指那间房子,它马上就会粉身碎骨。"爱斯基摩人有些怀疑,于是他就装模作样地用手一指,大喊一声,炸!船员们听到信号后,马上按电钮,果然"轰"的一声,那房子在片刻之间被炸到了天上。这一恶作剧果然管用,爱斯基摩人被吓得目瞪口呆,真的认为眼前的这6个人都是"超人"。

于是,阿蒙森可以安全地住在这里过冬了。他们学会了爱斯基摩人的语言,还用欺骗的手段跟他们交换东西。比如,阿蒙森用一个空的罐头盒就可以换来两套白鹿皮做的衣服;他的船员用一根半米长的钢丝就可以换整张狗皮。他们在这里与爱斯基摩人友好地相处,船员们还在爱斯基摩人的帮助下,对这里进行了测量和收集标本。

春天来了,爱斯基摩人恋恋不舍地与这些"超人"们告别了。

142. 谁最早发现了海底的"泰坦尼克"号?

看过《泰坦尼克号》的人可能都知道,1912年,英国最豪华的客轮"泰坦尼克"号在首航北美的途中,不幸撞上了冰山,沉没在了冰冷的北大西洋海底,船上的1000多名乘客也成了海底的冤魂。这是世界航海史上最惨痛的一次海难事件。

多年来,人们一直在寻找"泰坦尼克"号沉船,企图把它从海底打捞上来。那么,是谁最早发现了沉入海底的"泰坦尼克"号呢?他是一个名叫罗伯特·巴拉德的美国人。罗伯特·巴拉德是一个醉心于深海研究的人,为了找到沉睡在海底的"泰坦尼克"号,罗伯特·巴拉德用了13年的时间。当他乘坐"阿尔文"号深潜器下潜到13000英尺的海底,第一次看到矗立在海底的庞大黑色船体时,立刻被她那凄凉的景象震撼了。如果说1912年"泰坦尼克"号初航时是一位美丽的公主,那么,现在她的美丽早就凋谢了。她那巨大的钢板散落在海底,华丽的木饰品被蛀蚀一空,船上的小型电气供暖器散落在周围的海底,成为当年短暂的舒适与享乐航行的历史见证人。

"看到这样悲惨的场面,即使没有生命的东西也会呈现出人的气质,黑乎乎的船窗好像一双双溢满泪水的眼睛。"这就是罗伯特·巴拉德所看到的"泰坦尼克"号。科技的进步是日新月异的,可能用不了多久,"泰坦尼克"号就会浮出海面,展现在我们的眼前,到那时,我们将会看到另外一番景象。

143. 沙克尔顿是怎样在冰海脱险的?

爱尔兰人沙克尔顿是一位坚忍不拔的南极探险家。他虽然没有到达南极点,但找到了通往南极点的路线,并创造了到达南纬88度23分的最高纪录。他那英勇顽强、百折不挠的精神,赢得了人民的尊敬和爱戴,他也成为爱尔兰的民族英雄和世界著名极地探险家。但沙克尔顿并不满足于已取得的成就和获得的荣誉,他决定再次进行探险。

1914年7月,沙克尔顿率船队离开了伦敦,开始了他的第二次南极考察。他把横穿南极大陆作为这次探险的目标,先从威德尔海海岸出发,途经南极点,最后到达罗斯海边缘的麦克默多海峡。当他们航行到威德尔海的时候,被冷酷无情的海冰死死缠住,无法脱身,不久就被封冻在长5000米、宽4000米的大块浮冰中,既不能前进,也不能后退,只能随冰漂流。在这里行驶,船的甲板被冲撞得嘎嘎直响。

沙克尔顿尽管和大家一样恐惧不安,但外表仍和平常一样沉着和镇定。他和大家一起分析所处环境的危险性,鼓励大家要齐心协力,同甘共苦,克服困难,争取胜利。沙克尔顿决定带5个人,乘一只小艇到南乔治亚岛寻求捕鲸者的援助。小艇随着风浪上下颠簸,人被弹上弹下,不得安宁。他们就这样在漫无边际的南大洋上航行了14天,航程达1280千米,终于来到了南乔治亚岛。正要靠岸时,谁知突然狂风大作,小艇被吹离了岸边。他们6个人疲惫不堪地奋斗了36个小时,才算脱离了险境,而此时他们已是个个衣衫褴褛,污秽不堪。他们到达挪威捕鲸站时,沙克尔顿的好朋友都认不出他来了。

历经千辛万苦,沙克尔顿终于从冰海中脱险,但他这次横穿南极大陆的计划成为泡影了。

144. 是谁将挪威的国旗插在了南极点?

罗尔德·阿蒙森是一个了不起的极地探险家,当他顺利走完西北通道之后,又把目光放在了北极上。正当他准备到北极探险的时候,没想到美国人皮里比他早了一步,先到达了北极。不能最早到达北极,那就第一个到南极吧!阿蒙森将原先准备到北极的计划,改到了南极。

极地探险与普通的航海探险是不同的。极地探险不但要经受航海探险的困难,还要经得起极地地区强烈的天气变化。极地地区的气温常年在零摄氏度以下,而且经常早上有太阳,到了中午就刮起了飓风。1911年10月19日,阿蒙森和他的4个同伴以及52条狗,乘坐雪橇出发了。

他们一路艰辛,于12月8日开始向南极点冲刺了。当他们经过3年前爱尔兰探险家沙克尔顿经过的南纬88度23分时,阿蒙森和他的队友们异常兴奋,因为这个由爱尔兰人保持的纪录很快就要被挪威人改写了。或许老天爷被他们的勇气所感动,这几天的天气十分晴朗,碧蓝的天空好像刚刚用水冲洗过,这是南极地区少有的好天气。12月14日这一天,是阿蒙森终生难忘的日子,因为就是这一天,他将挪威的国旗插在了冰雪覆盖的南极点,成了最早一个征服南极的人。

阿蒙森在探险中的历史壮举是值得我们为之骄傲的,他的勇气和毅力也是值得我们好好学习的。1928年,诺比尔所乘飞艇在斯匹次卑尔根附近失事后,阿蒙森在飞往营救的过程中也不幸遇难。

145. 人类在南极考察的足迹有哪些?

世界上最复杂、最危险的航行探险,莫过于遥远的航程、恶劣的气象、茫茫冰海和无数的暗礁险滩,南极就是这样的一个地方。尽管自然环境如此恶劣,仍然阻止不了人类去探求南极的征程。

探险南极的人们

很早以前,古希腊人就知道地球是圆的,并且发现已知的大陆都在北半球,根据科学原理推测,在南半球也有这样一块"南方大陆"。18世纪,欧洲的探险家在广阔的太平洋洋面上纵横奔波,寻找着这块神秘的"南方大陆"。直到1819年,俄国探险家费比安、哥特利博、别林斯高晋和英国的威廉·史密斯发现了南设得兰岛和南极大陆。至此,人类终于宣称找到了"南极大陆"。

1920年1月,英国的斯科特探险队登上了南极大陆,到达了南纬82度15分;1911年12月14日,挪威的极地探险家阿蒙森征服了南极点;1929年,英国的伯德上尉第一次驾驶飞机飞越南极大陆,并进行了航空摄影。1925年至1939年,英国的"发现"号考察船首次在南极海域进行了大规模的海洋生态调查和多学科的海洋科学考察。此后,美国、俄罗斯、日本、中国等不少国家都进行了南极科学考察,从而使人类更全面、更彻底地认识了南极大陆这片神秘的土地。然而,这其中有多少探险者走完的脚印被埋在了冰川狂风下,有多少征服者的帆影留在了冰海暗礁里。在这片洁白的冰雪世界里,记载了人类征服南极的勇气和毅力,记载了人类考察南极的足迹。

在经历过"帆船探险时代"、"英雄探险时代"、"航空探险时代"之后,人类将开辟一个崭新的南极考察时代,这就是现代科学考察时代。

146. 你听说过骑车闯北极的故事吗?

同学们,你们是否被浮士德那令人佩服的探险精神、奥德赛那承受命运一次次打击的刚烈性格和堂吉诃德为美好和正义行侠的骑士精神所深深感动呢？俄罗斯的电气技师列布·特拉温就是在他们那令人折服的勇敢精神影响下决定孤身一人骑自行车勇闯北极的。

为了这次探险，他准备了5年，学了许多与探险有关的知识。直到1930年春，特拉温才从新地岛海岸出发。黄昏时分，筋疲力尽的特拉温决定在冰上过夜，可没想到第二天早晨，因为冰层破裂他被冻在了冰上。不知过了多久，在一位涅涅茨老人的帮助下，他终于脱离险境，可是他的脚趾因为冻伤不得不割掉了。

尽管特拉温是骑车闯北极，但有时也乘坐鹿拉雪橇或狗拉雪橇，有时坐在浮冰上漂流，有时又只好安步当车。途中最大的障碍是深深的积雪，在这样的情况下，他一天只能前进10千米～15千米，如果遇到冰面可以前进70多千米。

1931年春天，经过300多天的艰苦行程，特拉温终于完成了骑车北极探险计划，结束了这种历险的生活。在整个旅程中，最令他兴奋的莫过于穿过北极点了。不论条件多么艰苦，他总是不断提醒自己，要不断进取，前面还有更艰难的障碍。有人问他对这次只身闯北极的冒险是否后悔时，他不假思索地回答说："没有，绝对没有！但绝不进行第二次了。"

看来特拉温心中仍旧余悸未消。

147. 被称为"华人鲁滨逊"的人是谁？

说起《鲁滨逊漂流记》，大家一定不会感到陌生，但

海洋探险

如果问被称为"华人鲁滨逊"的人是谁,你能说出他的名字来吗?

1942年11月23日,一艘行驶在大西洋的英国货轮在巴西东海南部被意大利的一艘潜艇击沉了,船上的30多名华人水手和十几个英国水手纷纷跳海逃命。在慌乱中,一个名叫潘谦的24岁中国青年爬上了一只用木头和油桶扎起来的救生筏,从此开始了他100多个日夜的海上漂流。

茫茫大海是无边无际的,潘谦坐在一个10尺长、10尺宽的小木筏上,既没有桨也没有橹,只好任小木筏随处漂流。幸运的是,小木筏上还有一点救生的食品和淡水,可以供他使用几天。但是20多天之后,潘谦开始感到事情的严重性,因为这么长时间以来,他没有看到过一艘船从这里经过,小木筏上的食物和淡水越来越少,该怎么办呢?

时间一天天过去了,潘谦吃光了船上所有的食物。由于环境所迫,他逐渐掌握了海上生存的本领,他将一张帆布倾斜地搭在木筏上,一来白天遮挡太阳,二来下雨的时候接点雨水饮用。他还利用铁钉和弹簧制作鱼钩,用麻绳做成钓鱼丝用来钓鱼。就这样,潘谦在大西洋里漂流了4个多月,他一直靠坚强的求生信念支持着自己活下去。1943年4月6日,他在海上漂流了133天之后,终于被经过的一艘巴西渔船救了上来。

当潘谦在巴西登陆之后,他的体重比原来减轻了30磅,但他仍然能自己行走。在医院里,当医生得知潘谦吃了80多天生鱼肉时,特意为他检查了肠胃,结果在他的胃里没有发现虫子,只是肠胃功能有些轻微的紊乱。心理学家坚持说一个与世隔绝133天的人,他的精神一定会失常,但当他们为潘谦做完精神检查后,惊叫道:"了不起的中国人!"

潘谦不屈不挠的意志和丰富的求生经验,让很多外国人竖起了大拇指,他在给美国海军士兵传授海难自救的本领时说:"在落难时,生存技术是重要的,但更重要的是要有一颗想活下去的心。"

148. 为什么说飞越北极点是"死亡飞行"?

当人类进入一个崭新的世纪时,驾驶飞机飞越北极是很平常的事情。但是,如果时光倒流回20世纪40年代,这样的飞行就被人们称为"死亡飞行"。

飞越北极为什么在当时被称为"死亡飞行"呢?原来,那个时候的飞机制造业还处于刚刚发展的阶段,飞机的时速还不到200千米,飞行的高度不能超过6000米,比起现在差远了。再加上那时候的气象预报落后,通讯条件差,使在北极冰原上空的飞行变得凶多吉少,被人们称为可怕的"死亡飞行"。

那么,有没有人来征服它,使"死亡飞行"获得成功呢?有的,他们就是苏联的3位空中北极探险家尤马舍夫、格罗莫夫和达尼林。1937年7月12日凌晨2点,他们驾驶着苏联著名飞机设计师图波列夫改装的新型飞机,从莫斯科起飞,往北经科尔古耶夫岛、新地岛、法兰士约瑟夫地群岛,到达北极点后向南飞行,经过加拿大的冻土带,最终飞抵美国的洛杉矶,全程达

10148千米,创造了不着陆连续飞行最远的世界纪录,这在当时是一次伟大的飞行。

当他们从飞机上走下来时,受到了当地美国人的热烈欢迎,并受到了罗斯福总统亲切接见。他们回到苏联后,被授予"苏联英雄"称号,而且获得了列宁勋章。

这3位空中探险家的极地飞行,为"死亡飞行"画上了圆满的句号。

149. 飞抵南北两极的残疾人是谁?

你也许会心存疑虑,残疾人不要说开飞机了,恐怕坐飞机也有相当困难。退一步讲,就算这个残疾人能够开飞机,在一般的航线上飞一飞,恐怕也算是奇迹了。

然而,事实胜于雄辩,一个美国的残疾人不仅打破了残疾人不能驾机这一惯例,而且神话般地创造了一个残疾人驾机飞抵南北极的奇迹。这个身残志坚、志存高远的人就是美国海军大将李却埃林拜德。李却埃林拜德1888年出生于美国的温特斯特。在他12岁的时候,就在自己的日记上偷偷地写下了这样的誓言:"我一定要成为第一个飞抵北极的人。"从此,李却埃林拜德就开始以古代斯巴达克的精神严格训练自己,即使在严寒的冬季,他也只穿一件单薄的衬衣来锻炼自己的耐寒能力。而且,他酷爱旅游,到了14岁的时候,几乎已环游世界一周,他更喜爱体育运动,拳击、足球、跑步,他都非常喜欢。这些生活经历,不仅锻炼了他的体质,而且培养了他坚忍不拔、百折不挠的顽强毅力,成为英勇的美国海军中的一员。不幸的是,在李却埃林拜德28岁的时候,他因为剧烈运动而折断了足踝,成了一个跛子,并被迫离开了海军。但他并没有灰心丧气,而是非常乐观,认为自己虽然腿跛了,但是自己还有健全的双手、灵活的头脑和强壮的体魄,他少年时立下的飞抵北极的目标一定要实现。为了试验空中冒险的可能,他决定驾机飞往北极一次。尽管在此事上他屡受打击,但他始终坚信,一个有智慧和勇气的健全残疾人,要比一个身强体壮但缺乏勇气的人强得多。于是,他经过周密的计划和训练,终于驾机飞越大西洋,从北极上空掷下一面美国国旗;又飞到南极上空,扔下一面美国国旗。当李却埃林拜德胜利凯旋时,受到了人们盛况空前的热烈欢迎,他飞抵极地的壮举获得了举世公认,后来他又奇迹般地成为一名美国海军大将。

150. 穿越北极冰层下的核潜艇是哪国的?

大家都知道,挪威探险家阿蒙森经过3年艰苦努力,终于开辟了从大西洋经北美洲边缘到太平洋的航线,创造了穿越北冰洋的奇迹。那么有没有一艘核潜艇从冰层下穿越北冰洋呢?有的,这就是美国第一艘核潜艇"鹦鹉螺"号,是它开辟了穿越北冰洋冰层下的航路,写下了人类探险史上的新篇章。

北冰洋虽是个冰雪世界,但这里的战略位置十分重要,它是从西欧到太平洋的最短航线。自从有了潜艇之后,有人总认为,潜艇是可以穿越冰层下的海水的。第二次世界大战结束后,美国人为了对付苏联,总想钻到水下对苏联进行核打击。因此,美国人暗下决心要从冰下穿越北冰洋。

1957年8月,安德森艇长率"鹦鹉螺"号从格陵兰出发,经过11天的潜航,来到北冰洋冰层的边缘,在100米的深度上,以15节(15海里/小时)左右的航速从

穿越北极的美国"鹦鹉螺"号核潜艇

正北方向开始进入了冰层下。尽管水面全被封冻,但阳光仍能透射下来,转动潜望镜仰视潜艇头顶上的冰层时,恰似浮云,使人惊叹。到了转向点不久,测冰仪探明顶上有一个开阔水域,潜艇刚想上浮出水面却撞到了冰层上,把二号潜望镜撞坏了。

安德森艇长算了一下,再过一天就可以穿越北极,于是他决定放弃上浮继续前进。潜艇在冰下疾驶,但大家都提心吊胆的,谁也不敢合眼放心地睡觉。24小

时后,潜艇终于驶到预定目的地——北纬83度,艇员们高声欢呼,一同庆祝,他们胜利完成了任务。

151. 冲破北极冰盖的核潜艇是哪国的?

1958年8月的一天,一艘核潜艇驶抵离北极点640千米海域的冰盖下,艇长詹姆斯·卡尔维特正在研究刚刚接到的秘密命令。这道密令对于他和艇上的全体人员来说是个生死攸关的挑战。不久前,它的姐妹级核潜艇"鹦鹉螺"号曾在北极冰层下进行了具有历史意义的航行,现在又要它冲破北极冰层浮出洋面,以验证北冰洋在战略上的价值。这是一次出生入死的探险行动。

卡尔维特艇长决定在此进行一次尝试。当从测冰仪得知潜艇来到无阻碍的洋面时,艇长命令把潜艇缓慢地上浮到离海面30米的深度,同时重新升起潜望镜。上浮不久,艇内通过测冰仪发现一个大冰盖,它正一步步向艇顶的方向逼近,令人不寒而栗。为了避免碰撞,潜艇只好停止注水,停在30米深处,像悬挂在一台巨大的起重机上。过了一会儿,潜艇又开始上浮,艇长通过棱镜观察到在潜艇与犬牙交错的冰层之间有一片蓝晶晶的海水,经过测算,潜艇上浮能有几米的余地。于是,艇长发出了上浮的命令。船员们精神为之一振,立刻投入行动,各阀门打开了又合上,各种开关扳动了,最后潜浮指挥官征得艇长同意后发出"排除全部压载"的命令,潜艇直线上浮,进展非常顺利,最终出现在冰块间的洋面上,从而顺利完成潜艇在北冰洋中首次上浮的尝试。

大家登上舰桥,心里激动万分。潜艇那黝黑的外壳与深蓝色的海水和四周白滢滢的冰层形成了鲜明的对照。在舰尾的上空,美国国旗随风飘扬。当然,这艘首次冲破北极冰盖的美国著名核潜艇"鳐"号,也因这一壮举记在了人类航海的史册上。

152. 南极半岛是怎样被命名的?

关于南极半岛的发现者是谁,一直是历史学家们争议的一个问题。英国人认为,乘坐"威廉斯"号船的布兰斯菲尔德在1820年1月见到奥尔良海峡附近的大陆上白雪覆盖的山峰,那就是南极半岛,并且就以英国海军大臣的名字命名为格雷厄姆地。

然而,美国则认为是纳撒内尔·帕尔默所指挥的"英雄"号单桅纵帆船发现的,帕尔默相信他自己已经找到了未知的"南方大陆",并将他的发现公布于众。但从时间上而言,他的发现比布兰斯菲尔德晚了10个月。

多年来,美国出版的地图一直把现在的南极半岛称为帕尔默半岛,而英国的地图中则把这一半岛称为格雷厄姆地。结果造成了英国和美国之间一个长期的地理发现纠纷。这场纠纷一直持续了144年,直到1964年,为了缓和英国和美国之间的这场地理争议,人们采取了一个折中的办法,就是把这块狭长的陆地(南极半岛)北部称为格雷厄姆地,南部称为帕尔默地,它们的总称为南极半岛。

153. 飞越北极点的女性是谁？

茜拉女士是英国影剧院的一名工作人员，她连汽车都不会开却要学飞行，这使她的伙伴们大为吃惊。后来，她决定进行一次从赤道起飞穿越北极点再飞回赤道的半球飞行尝试。茜拉的飞行计划引起了世界的关注，美国空间计划署和美国的飞行员都愿意为她的飞行提供帮助。

1970年5月，茜拉驾驶着她的飞机，从伦敦飞到非洲，在这里开始了她的飞行计划。茜拉驾驶飞机飞越北海。在挪威的博多机场着陆后，她发现飞机的自控飞行装置出了点故障，但是为了争取时间，她还没来得及修理，只好又起飞了。虽然天气不好，但飞行还算顺利，飞机很快在一个军用机场着陆，这是她飞越北极点的最后一站，飞机在这里加足燃料就起飞了，这次飞行的终点是美国的阿拉斯加，航程4800千米。由于自控飞行装置失灵，她只好靠自己的信心和经验来完成这次飞行了。

在低温云层中飞行，燃料消耗很快，机身上不断增厚的冰，对飞机是一种沉重的负担。茜拉不停地忙碌着，但没有任何收效，飞机高度在不断降低，根据飞行时间和罗盘指针不在正常位置这两点来判断，茜拉认为她已经到北极点了。她忙打开活动玻璃窗，抛出了英国国旗以及美国朋友委托她投到北极点的物品。此时的茜拉心情十分激动，她成为第一个完成从赤道越过北极点，再回到赤道的女性。

154. 哪个探险家穿越了南北两极？

世界上有许多海上探险家，但只有一支探险队完成了穿越南北两极的环球探险，他们的队长是拉诺夫。

拉诺夫是海军上校，从事过多次冰海探险。1972年，他和妻子决定进行一次世界上举世无双的航海行动——穿越南北极的环球航行。经过几年的充分准备，1980年1月，他们从南非的开普敦港出发了。当他们的船进入南极圈后，遇到了狂风巨浪，20多米高的浪头，使大家在船上寸步难行。经过3天3夜的艰苦挣扎，他们终于驶出了这片"死亡海域"。探险船不断前进，这时拉诺夫看到了在远处浮冰上的企鹅以及围绕着周围游泳的巨鲸，他高兴地欢呼："我们终于看到了南极大陆。"第二天，他们登上陆地，搭起帐篷，在这里进行了半年的考察工作。1981年4月，探险船离开南极，开始了横渡太平洋的航程。

在太平洋的航行中，风平浪静，大家都在忙着进行科学考察工作，7月24日，探险船来到加拿大西北部的马更河，在这里他们换乘汽艇向北极出发。7月的北冰洋，犹如南方的早春时节，到处生机盎然。探险汽艇虽然不时被冰块碰撞袭扰，但一切还算顺利。他们左穿右穿，迂回前进，一次次化险为夷，一次次死里逃生，终于穿过了地狱般的冰海，登上了北极峰的冰冠，成为全球首次贯穿南北两极的人。

他们站在地球北极顶端，紧紧地拥抱在一起。1982年8月29日，他们回到了英国伦敦，迎接他们的是美丽的鲜花和欢呼的人群。

155. 南极海底探险的记录是多长时间？

潜入南极冰海调查,是一项完全可以和在太空行走相媲美的极限探险运动。常识告诉我们,通常一位未加防护的潜水员如果置身于0.4℃的冰水里,入水仅几分钟就会死亡。因此,有胆量闯入南极的人屈指可数,而身着潜水服下潜到南极冰冷的海水中进行生物调查的人就更是少见了,如果能创造南极海底探险的记录,那就可以说是创造了人类冰海探险的一个奇迹,而美国人戴维就是南极海底探险记录的创造者。

当戴维来到南极半岛100千米外的乔治王岛海军湾时,海面风平浪静,戴维穿着几层毛衣、毛裤、毛袜和连身氯丁橡胶潜水服,戴上面罩和三指手套,就开始下潜了。南极冰下海底一片盎然生机,各种水草、鱼虾和叫不出名的动植物自由自在地在海底游荡。戴维下潜到冰海下15米的地方,足足坚持了30分钟,创下了南极海底探险的记录。戴维回到考察站后,在热水器下足足淋浴了半个多小时后,身体依然冷得发抖。但海底的奇特景观却温暖着他的心。在戴维的眼里,南极的海底世界真是太精彩了。

156. 植村直己有哪些传奇经历？

被冰雪覆盖着的北极,是没有四季之分的,这里半年是白天,半年是黑夜,被人们视为高深莫测的秘密之地。多少年来,许多探险家一次又一次接近它,试图揭开它神秘的面纱,但是成功的却没有几个。而日本登山运动员植村直己却只身一人到达了北极点,成为人类历史上第一个只身闯北极获得成功的人。但是在这期间,他却差一点被北极熊吃掉。

植村直己是一个敢于冒险的人。他自己一个人登上了北美、南美、非洲的最高峰,而且独自在亚马逊河上漂流了6000千米。1978年3月5日,他来到距北极766千米的哥伦比亚角。下午3时,他乘雪橇和17条北极犬开始向北极出发。

3月9日凌晨,又累又困的植村直己搭起帐篷准备睡觉,他打开睡袋,两脚一伸,刚要将拉锁往头部拉时,突然传来一阵犬叫,接着是沉重的脚步声。他刚要从睡袋里挣扎出来,粗大的喘气声传到了他耳朵里。天啊,北极熊!怎么办呢?旁边有支猎枪,可是没装子弹,这时北极熊已经咬破帐篷钻进来了,植村浑身冒汗,响亮的呼噜声就在他头顶响着,只要北极熊咬住睡袋,他就没命了。

植村直己急中生智,干脆装死,一动不动躺在那里听天由命了。北极熊还算给面子,没有咬睡袋,他在植村身旁转了几圈就离开帐篷走了。植村直己长长地舒了一口气,擦了擦头上的汗,赶紧从睡袋里钻出来,这时的他被吓得既不困也不累了。等北极熊走远后,他套上雪橇,头也不回地赶路了。

157. 哪位探险家变成了狗的接生婆?

日本探险家植村直己在北极探险时,曾为给他拉雪橇的母狗当了一次接生婆。

1978年4月9日,是植村直己独闯北极的第三十六天,他怎么也没想到那条名叫雪罗的母狗在帐篷外生下了一对小狗,植村直己发现了,他刚想把小狗抱进帐篷里,可是却晚了一步,那两只刚生下来的小狗,被其他狗当成了肉食,几口就吞下去了。他不得不把雪罗抱进帐篷里,为它又接生下了4只小狗,但是有一只死了。活着的3只小狗在帐篷里汪汪地叫着,植村直己用驯鹿皮把活着的3只小狗包起来,耐心照料着雪罗母子。

　　4月12日,飞机又给植村直己送来了补给品,还有9条健壮的狗。植村直己把雪罗母子和其他一些被冻坏的狗,全都送上了飞机。飞机走了以后,他长长叹了一口气,在极地探险中他居然当了一回助产婆,为雪罗接生了4条小生命!想到这里,他不禁笑了起来。他算了一下,在近40天的行程中,他只前进了400千米,离他的计划还有一段距离。植村直己马上收拾好行装,又继续前进了。

158. 谁是冰原探险的巾帼英雄?

　　北极探险一向被视为男人的专利,始终把女性拒之门外。但是就在20世纪80年代初,苏联女工程师瓦列金娜·莎茨卡娅和她的5名女伙伴进入了"女人的禁区",在北极冰原上滑雪1000多千米,经历了常人难以忍受的暴风雪和严寒的考验,终于体会到了北极探险的极大乐趣。

　　1980年11月2日,由6名女性组成的北极探险队从莫斯科出发了,她们当中有4名工程师,一名医生和一名气象学家,计划穿过科拉半岛、亚马尔半岛、北极群岛和符兰格半岛,最终到达迪克森岛。

她们的行动计划订得很周密,每天行进30千米~35千米,每50分钟休息一次,每次休息10分钟,第五次休息时开饭。热咖啡和可可一直装在保暖瓶里,喝过之后身上就变得暖和多了。在穿越奥斯卡拉半岛时,路面凹凸不平,高低起伏,绵绵延延伸向远方,看不见尽头。每次爬坡时,人人都在想,过了这个坡就一定能看见泰梅尔海湾了,可每次都使她们感到失望。陡坡之后又是陡坡,哪里有海湾的影子。经过几十天的艰难旅行,她们有些疲劳不堪。这些天来,她们从未见过一个人,大家不免感到惆怅。

40天过去了,她们终于到达了迪克森岛。在那里,她们受到苏联极地考察站科学家们的热烈欢迎。

这次千里冰原探险结束了,但冰天雪地的生活却使她们终生难忘。

159. 史蒂芬生是靠什么在北极圈内生存11年的?

大家知道,正常的人每天除了吃一定的粮食和鱼、肉、蛋外,还必须有一定的水果和蔬菜,这样才能保证人体的正常营养需要。可是,要是让你只吃肉和水,别的什么也不给你吃,顿顿如此,天天这样,年复一年,并且长达6年,你能坚持住吗?也许你早就受不了了。可是,作为中世纪挪威海盗后代的美国探险家史蒂芬生,在长达11年的北极圈内的生活过程中,竟有6年完全是靠动物肉和水来生存的。说来你也许不信,在史蒂芬生和探险伙伴们进行北极探险的过程中,在北冰洋的浮冰上度过了好几个月。开头的40天,他们还能靠自己带去的食物来维持,后来食物吃光了,他们只好靠杀海豹和北极熊来充饥,用鲸鱼的脂肪取火融化冰块来解渴。在长达97天的冰海漂流中,史蒂芬生和同伴们不但没有被饿死,相反,每个人的体重都增加了好多。在进行北极探险过程中,史蒂芬生的探险食谱除了海豹和北极熊外,还有野鸭、野鹅,而最美味的是枭鸟。实在没有捕到可以食用的动物,史蒂芬生就把生牛皮鞋煮熟了吃掉。据史蒂芬生讲,煮熟的生牛皮鞋的滋味好极了,就像熟猪蹄一样。史蒂芬生在结束了北极探险活动回到美国纽约后,他们在6年多的时间内只靠肉和水维持生存的经历,在社会上引起巨大的反响,史蒂芬生也由此获得了"北极熊"的美称。

160. 哪个探险家划船到了南极?

你听说过划船到南极的探险家吗?1988年2月22日,一艘稀奇古怪、号称"海上西红柿"的手划船,从智利的普拉特海峡出发了,船上坐着以迪雷特为首的4位探险家,他们要实现人类划船到南极的冒险试验。

在这之前,各种各样到南极的探险中,曾有过40多支手划船的南极探险队,试图一举成功,但都以失败告终,有的还丧了命。

"海上西红柿"号出师不利,几个小时后就遇上雷西克海峡强劲的西北风,汹涌的波涛毫不留情地向他们扑来,小船上下颠簸,左右乱转,一个个大浪花打向甲板,涌进舱内,他们拼命往外舀水,直到风平浪静为止。他们艰难地行驶了3天,开始用手划船前进。大家轮流划,每人6小时,期待着第十三天到达目的地。

南极冰山上的企鹅

在第十二天的时候,突然刮起了风暴,一下子成千上万块浮冰包围了小船,4个人用尽吃奶的劲儿朝陆地的方向划,可是船却在倒退。他们祈祷上帝,听天由命,谁都在想,这回是死定了。可是上帝真的给他们带来了好运,第二天清晨,风平浪静了,四周浮冰少了。他们勇气倍增,又轮流划了一天一夜,终于驶进了哈莫尼海湾,到了南极。他们经历了13天5小时,航程900千米,实现了人类第一次划船到南极的夙愿。

161. 滑雪横跨南极的人是谁?

只靠滑雪板横跨南极大陆,听起来似乎有点不可能,但是挪威人奥斯兰德从南极洲威德尔海的伯克纳岛踏上行程,当时还有另外两名探险家也开始了横跨南极的征程,并希望走在奥斯兰德之前,他们是一名英国人和一名波兰人。后来,英国人因肾结石发作被迫中断行程,而波兰人在穿越南极点 20 千米之后也因支持不住败下阵来。

就这样,奥斯兰德带着他自制的滑雪风帆和 120 千克的食物,以每天最高纪录 230 千米的速度,经过 64 天的艰难跋涉,于 1997 年 1 月 18 日凌晨抵达南极洲罗斯海边的新西兰斯科特基地,从而成为中途不靠外界输送给养,孤身滑雪穿越南极洲大陆的世界第一人。

奥斯兰德所经历的风险是难以计数的。在高低不平的冰川上到处都有裂缝,稍不留神便会葬身冰窟。另外一个巨大的威胁就是严寒,最低气温是零下 55℃,他穿上所有的衣服仍觉得冷。但奥斯兰德以顽强的毅力战胜了千难万险,取得了成功,受到了全世界人民的高度赞赏。

162. 滑雪到达北极的女探险家是谁?

1997 年 5 月 5 日,北极探险史上翻开了崭新的一页:继 89 年前第一位男性探险家到达北极之后,法国女探险家克里斯蒂娜·贾楠成为世界上第一位成功地使用滑雪板抵达北极的女性。

1908 年,美国人库克乘坐狗拉的雪橇第一次到达了北极。而今天,北极的土地上也有了女性的脚印。贾楠是在 1997 年 5 月 5 日上午 11 点和她的俄罗斯向导一起到达北极的。在这里,她感到异常兴奋和激动,因为这一天是她40岁的生日。贾楠是一位职业医生,她出生在法国西部濒邻大西洋的布列塔尼半岛,曾是登山运动员的她,经过周密的装备之后,于1997年3月3日开始了这次不寻常的探险征途。

在零下35℃的低温下,贾楠和她的同伴多次遇到难以穿越的冰河和迎面扑来的卷着冰石的风暴,他们不得不倒退或寻找新的路线。经过3个星期的奋斗,她们跨越了北纬85度。那里的气温是零下41℃,距北极的极心越近,行程就越困难。贾楠把这一段路程称为"白色地狱"。

当贾楠胜利到达北极的消息在法国公开后,法国公众引起了强烈反响。贾楠的这次探险不仅展示了女性在征服世界方面的能力,而且她还想以这次行动来为身患癌症的儿童募捐,建立一个医疗康复中心。

海洋探险

环球海洋风采

163. 谁是中国航海人的保护神?

妈祖的传说,是中国航海神话传说中流传最广、影响最大的。人们把妈祖供奉为航海的保护神,她伴随着我国的航船,航行到世界各地,成了海内外华人共同信奉的女神。妈祖原姓林,名默,北宋初年出生于福建省莆田湄州岛上的一个商人家里。她年纪很小时就会占卜,长大后也从事卜筮职业。她一生没结婚,在28岁时就早早离开人世。她在世时,为乡亲们做过许多好事。这一带的人主要从事渔业与运输业,她去世后,人们因怀念她,就把她供奉起来保护大家平安出海、航行。

妈祖像

宋天圣年间,一位商人在林默的家乡建庙供奉天后娘娘,这座名叫"顺济"的小庙,是最早专门供奉天后娘娘的庙。人们把林默称为"湄州神女"或"宁海镇神女"。从此,供奉天后娘娘的习惯就在福建沿海一带的渔民中间流传开来。

到了南宋时期,海事活动更加频繁,每次重大海事活动,都是对主事者加封加爵,同时也要对航海保护神颂扬一番。在清康熙十五年(公元1681年),林默娘升到女神的至尊至圣的位置——天后,供奉她的庙宇也由神女庙、天妃庙改为天后宫。一个民间崇拜的小神,从此摇身一变,成为国家祭奠的国神。天妃的法力也向所有领域扩展,据说她不但能保佑航海人的平安,还能免灾除难,普度众生,连对国家的兴衰都有一定的"功效"。

从此以后,渔民们尊称林默娘为"妈祖",对妈祖的崇拜也在我国航海业中广为流传。

164. 中国的古海洋学大师是谁?

孙云铸是我国地质学界、古生物界、海洋学界杰出的学术领袖之一。1922年,中国地质学会成立时,他是26名创始会员之一。1929年,中国古生物学会成立,他被选为首届理事长。

孙云铸在海洋学的研究中,成就最大的就是在古海洋生物学上。他是我国研究三叶虫生物学和寒武纪地层学最早的权威。1924年,他出版了译本《中国北方寒武纪动物化石》一书,详细描述了三叶虫的品种,以及腕足动物、笔石和环节动物的化石特征。此外,他还兼顾笔石、头足动物、珊瑚、海林擒等古海洋生物化石和其他时代底层的研究,而且成就卓著,因此被人们称为"一专多能"的多面手。在1948年的第十八届国际地质学术大会和国际古生物学会上,孙云铸所作的学术报告《太平洋——早古生代生物扩散的主要中心》,从丰富的化石资料分析出发,论述了世界各大生物地理区的关系,得出了太平洋生物区是古生代生物演化的主要起源地、辐射扩散的中心的结论。

孙云铸先生于1979年逝世,享年80岁,他在逝世时,身边还留有《广东开思地区下侏罗纪南石群的研究》等遗稿。孙先生的这种"生命不息,研究不止"的崇高精神和学者风范,为后人树立了很好的榜样。

165. 6亿年前海中之王是什么?

6亿年前的海洋是什么样子的?6亿年前的海中之王又是什么呢?

地球不停地旋转,转到了距今6亿年前的寒武纪。虽然陆地上还是无机物的天下,但海洋中却已是一个生机勃勃的生物世界了。在寒武纪中,生物界出现了第一次大发展,原生物、海绵生物、腔肠动物、节肢动物、腕足动物、软体动物、棘皮动物等应有尽有。它们共同装点着这美丽的海洋生态图。三叶虫就是这个小小王国中的"小皇帝"。

三叶虫属于节肢动物纲,它与现代的虾、蜘蛛和苍蝇属于同一大类。它长得既像虾又像鱼,体形扁平,发育完善,全身明显地分为头、胸、尾三部分。三叶虫精通游泳、漂浮、爬行或挖掘等诸般技能,适应于多种多样的海洋环境。

三叶虫是在寒武纪前或寒武纪初开始兴起的,至寒武纪时达到了繁盛的顶峰。到了志留纪(距今4.4亿~4亿年)渐渐衰落,二叠纪(距今2.8亿~2.3亿年)全部灭绝。三叶虫在地质史上延续了3亿多年,繁盛时间长达7000万年。

我国是记述三叶虫最早的国家,早在公元276—324年,晋朝学者郭璞就在《尔雅注》的《释鸟篇》中对三叶虫有着详细的记载。

有着"光辉历史"的三叶虫,被称做6亿年前的海中之王,该称呼在生物进化史上是不为过的。

166. 最早被铸在纪念币上的航海家有哪些?

早在15世纪初期,在一些国家的造型艺术中出现了一种新的形式,这就是金币。在一个小巧玲珑的圆

苏联纪念航海家的金币

形金属上,铸印着清晰的凸起形象和题字。在此以后,这种金币成了具有独特历史意义的艺术纪念品,以纪念那些功勋卓著的科学家、文学家、社会学家、革命家以及新大陆的发现者——航海家们。

最早被铸在金币上的航海家有哪些人呢?就在20世纪60年代,苏联的发行纪念币进入了一个繁荣的时代,银行的有关部门为了纪念在苏联航海史上有卓越贡献的航海家们,特地发行了一套金币。金币上的肖像有霍·拉普捷夫、维·白令、德·谢良文以及德·塞多夫等人。

苏联发行的这套金币中的航海家们,是第一次被铸在金币上的航海家,能拥有这套金币的人是非常自豪和高兴的。

167. 6000年前的航海秘密是什么?

早在6000多年以前,世界上某个地方的航海家们就已在太平洋中发现并占有了大量的岛屿。他们在航行中不靠六分仪、海图和罗盘,在各个岛屿间的几百英里的宽广海面上穿梭航行,直到现在,人们才发现他们导航的秘诀。

揭开这个秘密的是一个叫托马斯的美国职业航海家,他已经有5万千米海上航行的经历。为了揭开6000多年前人们航海的秘密,他来到了太平洋。在太平洋加罗林群岛的萨塔瓦尔岛,他拜皮亚拉格为师,就是这位55岁的部落首领,在长达一年多的合作中,精心传授了他古代航海家导航的方法。

托马斯称这种导航法为"心理导航法",即不停地在海上变换心中的岛屿画面。他发现这种心理导航法是奇迹,也是最不易掌握的。古代海上航行最基本的导航方法是利用自然标记,如星座、洋流、鸟群、鱼群等。几千年来,这些秘密只在岛内父子间相传,外人是不可能知道的,由于没有文字记载,导航的方法一直没有流传下来。古老的导航系统只需要航海家做三件事:一是确定到达目的地的方向;二是在海上保持航向;三是测量和修正由于风压差、洋流和操作失误造成的航线偏差。

古代的导航方法确实是人们对大自然观察后积累的一套成功的导航法,是一种宝贵的财富。没有数字推算,只靠航海家对大自然和大海的感觉进行导航,这在科技如此发达的今天,听起来是否有点不可思议呢?

168. 谁是第一个使用漂流瓶的人?

漂流瓶对我们来说已经不是一种新鲜事物了。人们将自己美好的愿望或祝福写在纸上,然后装在一个密封很好的瓶子里,扔向大海,让它随着海浪随处漂流,这是人们表达自己愿望的一种方式。

漂流瓶的起源是从什么时候开始的,它又是怎样被流传下来的呢?第一个使用漂流瓶跟踪海流的是一个名叫狄奥弗拉斯塔的希腊人,他认为,地中海的海流大部分来自大西洋。为了证实这种想法,他想出了用漂流瓶验证海流的想法。他请希腊船长把一个密封的玻璃瓶扔进直布罗陀海峡只有8英里宽的狭窄水岬。

这里是通向地中海西部的入口处,投放到海中的漂流瓶,通过海峡向东漂去,流过了地中海,证明了狄奥弗拉斯塔的观点是正确的。

2000多年后的今天,漂流瓶的主要用途已不再是验证海流的流向了,而是有了进一步的延伸。如果有一天,在海边漫步的你无意间拾到一只漂流瓶,那种喜悦与兴奋的心情将是无法形容的。

169. 谁发现了法国海底万年壁画?

昂利·库期奎是一名职业潜水员,同时他还是法国卡西斯市的潜水教练。在一次普通的潜水中,他偶然发现了沉睡在海底1万多年前的壁画,这一特殊的发现,使他在一夜之间成了家喻户晓的人。

深海潜水器

根据考古专家们的测定,昂利·库期奎在潜水时发现的这些壁画是属于旧时代晚期的作品,这些壁画的发现为人们了解那个时代的历史提供了重要的线索。在发现壁画的现场,他还发现了两个几乎完整的小壁炉,壁炉里发现的炭是用挪威松和黑松烧成的,这两种松原来在这一带的海岸生长,但好多年前由阿勒波松所取代了。

库期奎的发现之所以具有特别的意义,是因为它证明了法国东南部也有旧石器时代的艺术。每当库期奎想到自己所发现的这些古代宝藏时,不禁深感自豪。

170. 谁是最早海洋潜水器的发明者?

古斯托出生于法国圣安德烈迪库译。1929年,19岁的古斯托进入布雷斯特海军学院学习,毕业后他被调到土伦海军基地的"康多权"号战舰上工作。

在战舰上工作期间,他与好友泰尔叶埃和杜马就地取材,制作橡胶保温潜水衣,他们在做水下调查时,把摄像机带到水下,拍摄了一部名叫《在水下18米的地方邀游》的片子。1943年6月,古斯托背着3个氧气瓶,小心翼翼地潜入地中海十几米深的水下,呼吸毫无困难,压力调节器正好满足了需求。这是世界上第一套可使用的轻潜装置,它能保证人在18米深的海底停留1个小时。

171. 水下摄影是谁发明的?

1956年,古斯托带着摄影机潜入水下46米,首次拍摄了海底彩色电影《寂静的海底世界》,从而一举成名。后来,古斯托调到法国海底研究中心,专门从事勘探海洋技术的研究。他主持设计了第一个能下潜到水下350米的潜水器,并设计出几种海底居住室,为人类海底生活进行了有益的探索。1970年,在法国政府的支持下,他研制成功了一艘"SP-3000"号深潜器,为人类进一步了解深海世界作出了巨大贡献。

水下摄影

现为法国科学院院士的古斯托,成立了古斯托基金会,20世纪80年代以来,他又把注意力转向了南极洲,主要关注南极洲及全球生态和环境保护。古斯托把他的一生都奉献给了海洋,为人类了解海洋、热爱海洋、保护海洋作出了卓越的贡献。

172. 还有用古代方式航海的现代人吗?

历史的车轮前进到了20世纪中期,人类的足迹已经踏遍了整个地球。原先那些由于气候恶劣、交通困难使探险家们望而却步的地区,也因为科学技术的进步和交通工具的发展而揭开了它们的神秘面纱。地球表面对于我们而言,似乎已没有什么神秘可言了。

然而,1914年出生的现代挪威探险家海尔达尔却不这么看。他认为,地球上所有地方在地图上也许都已有了名字,但这并不等于说人类对它已经有了足够的认识,因此他决定要进行一种新的探险,乘一只木筏船从秘鲁航行到太平洋上的波利尼西亚群岛上去。

在20世纪的航海家看来,这种古代木筏船根本无法在大洋中航行。可是在后来的3个月中,海尔达尔和他的伙伴的航海实践证明,木筏能够漂洋过海。这只木筏居然在太平洋上航行了6435千米,船上还装载着6个人的许多物资和科学仪器、通信设备,还有淡水。一路上,海尔达尔和伙伴们免不了要和狂风暴雨搏斗,还经常碰到一些叫不出名字的怪鱼,有时还遭到鲨鱼的袭击,真叫人提心吊胆。经过97天的航行以后,他们终于到达了目的地。

在整个航海过程中,海尔达尔坚持天天写日记。他的著作《木筏船远征记》于1950年出版后,就成了一本全球畅销书。水手们一路上拍下的照片,也获得了奥斯卡"摄影成就"奖。

从此以后,海尔达尔又进行了多次仿古航行,以体验和了解古代造船和航海技术。海尔达尔本来想证明一次古代航行的可能性,没想到在全世界引起轰动,一夜之间他竟成了航海爱好者心目中的英雄。

173. 大海会为我们让路吗?

浩瀚的大海,波浪起伏。传说神仙们手指一挥就

海洋探险

能让大海让路,你相信这是真的吗?最近在日本科学家的实验室中,这种现象得到了证实,让人相信也许真能叫大海让路呢。

日本九州大学一个研究小组正在从事磁场对生物影响的研究。他们在一次实验中惊奇地发现,在强磁场作用下,水可以被分割成两半。水具有一种被称为抗磁性的性质,会从强磁场一侧向弱磁场一侧运动,但以前从未观测到如此明显的现象。科学家们利用一台特殊的超导磁性装置,使之在水平方向产生磁感强度为8特斯拉的磁场。当在磁场上方放置一个长1米、宽

玉雕《摩西让大海开路》

10厘米、深5厘米的盛满水的长条水槽时,突然出现了奇怪的现象:以磁场的中心为分界线,水被推向两侧,水槽的中心附近留出了一条空隙,直至底部,把水完全分割成了两半。

现在看来,所谓"海洋让路"的"神迹"其实并不神秘,只是一种自然现象而已,她与传说中的"神仙"毫不相干。

174. 月球上有海洋吗?

大家都知道,除了太阳,月球是与地球最亲密的天体了。古时候人们把月宫想象得无限美妙,认为这是天上的人间,在上面生活的既有美丽的嫦娥,又有可爱的小白兔,还有永远砍不到桂花树的吴刚。可是,在高倍望远镜下,原来美妙的传说都变成泡影。月亮有如一个凹凸不平的泥团呈现在人们的眼前,那些地势比较高的地方,反射阳光比较强,故显得很明亮,而一些地势比较低的地方,却显得十分暗淡,人们看不清楚,于是那些高起的地方称之山,暗淡的地方称之为"海"或"洋",为了和地球上的大海相区别,于是"海"前面加上了一个"月"字,就成了"月海"。

"月海"一共有22个,由于月球在运动过程中,自转周期和公转周期一样长,所以月球总是用同一面对着地球,过去人们对月球背面情况毫无所知,后来随着人造卫星和宇宙飞船的不断发射,月球背面的情况才逐渐被人们所掌握。月球正面有"月海"19个,背面有3个。月球正面面积比较大的有风暴洋、雨海、静海、澄海、丰富海、云海和危海等。其中以风暴洋最大,面积为500多平方千米,相当于半个加拿大或两个苏丹国的面积,但它的深度浅,只比月球平面球面低1000米左右。

月球表面示意图

众所周知,月球上没有液体水,上述这些海都徒有虚名,尽管月海比地球上的沙漠地区还要干燥,由于受传统习惯的影响,人类对它仍沿袭"海"这个称呼。

175. 在海里可以种草吗?

在陆地上,我们很容易看到穷山秃岭,沙漠荒滩。在广阔的海洋里也有许多的不毛之地,只不过被海水覆盖着,我们不容易发现罢了。中国有一句俗语,治山治水,植树种草。要治理海洋,为我们人类造福,就应该在海里植树种草。不过这里所谓的植"树"种草并不是像在陆地上植树那样,而是种植一些像巨藻、海带和裙带菜那样的大型藻类植物。

为什么要在海里种草呢?在海里种草是一种新兴的事业,美国、加拿大和日本等国曾有过海草养殖试验的报道。种海草的方法简单,成本较低,最主要的是,它可以改变我们人类的居住环境以及海洋生态环境,让海洋为我们人类造福。

生机盎然的海底世界

海洋中的环境并不是千篇一律的,海里的植物也是各种各样的,因此,我们要因"海"制宜,该植"树"就植"树",该种草就种草,只有这样做,才能起到良好的效果。

176. 10亿年后海水会消失吗?

浩瀚的大海无边无际,当你站在海边眺望大海的时候,你会想到10亿年后海水会消失吗?

日本东京工业大学地质学教授丸山茂德等人经研究测算认为,地球上的海洋将在10亿年后全部被吸入地下。

过去,科学家研究海水循环时只是考虑地表条件,而丸山等人认为,如果考虑到地球内部水的循环会发现,带入地下的水远远超过地下供给地面的水。考虑到板块表面温度、地震观测数据等,在全球总长约4万千米的板块沉降带,每年吸入地下的海水约为11.2亿吨之多。而通过板块沉降带的火山、大洋中的中央海岭等处,从地球内部供给地表的水每年只有2.3亿吨,照这样的差距算,经过1亿年,海水水面就要比现在下降250米。

科学研究认为,地球上的海水从7.5亿年前开始减少,目前减少的速度在逐渐加快。现在地球海洋平均深度约3800米,大约在10亿年后,海洋将在地球表面消失。

地球上目前覆盖着十几个陆地板块,其中有的板块的端部每年以几厘米的速度向地幔下沉,在其下沉时把部分海水带入了地下,因而海洋的消失,是由于板块沉降带造成的。

自然的威力是人类无法抗拒的,虽然海洋的消失必将被岁月所证实,但我们却无缘见识那一天了。

177. "大西洲"真的存在吗?

你听说过"大西洲"这个名字吗?"大西洲"是怎样

一个地方,它真的存在过吗?

"大西洲"的存在,最早是由古希腊哲学家柏拉图提出来的。他认为"大西洲"是大西洋中的一个大岛,后来该岛发生了战争,战争结束后,在一次可怕的大地震中,这个大岛在一昼夜间就沉入到海底,消失得无影无踪了。但是,柏拉图的弟子阿里斯托契却持反对意见,他坚决否认"大西洲"的存在。这个争论一直持续到了2000多年后的1979年。

1979年,莫斯科大学和苏联科学院海洋研究所共同合作,决心到大西洋中的安佩尔海峰一带的海域进行实地探险。为此,他们组建了一个阵容强大的水下考察队,由尼古拉·里森科夫担任队长。考察队在北大西洋拍下了大量有关安佩尔海峰的照片,在一些照片中,居然发现了"大西洲"首都的"城墙遗址"。为什么说是"城墙遗址"呢?因为在自然界中,很少出现直角形的物体。但在海底的这些"遗址"中,却有不少段呈现城墙特有的直角形。当这些照片发回来以后,整个世界都轰动了,于是,"终于找到了大西洲"这个说法传遍了全世界。

科学家们日夜奋战,分析此次考察所获得的各种资料和实物,得出的结论让许多人空欢喜一场。科学家们的试验表明,如果一块由坚硬的材料制成的板块在强力挤压下,当压力超过材料的承受极限时,板块就会顺着强力挤压的方向形成45度角的断裂痕,这就是形成"城墙遗址"的原因。而安佩尔海峰一带的海底正处在非洲大陆板块和欧亚大陆板块之间,由于板块运动互相挤压而形成的断痕,可能正好和火山喷发结合起来,于是就形成了神秘的"城墙遗址"。

历史上有无"大西洲"的说法目前还难以下结论,还必须再次进行广泛深入的考察后才能下最后的结论。

178. 人类进入深海最得力的工具是什么?

潜水器的发明,让我们进一步了解了深海的一些情况,随着科学技术的进步,潜水器已经不能满足需要了,一种新型的深潜器——潜水观察船诞生了。

在海上航行的潜艇

潜水观察船实际上就是一艘潜水汽艇。它是由耐压球体和浮筒两部分组成的。在耐压球内装有各种观察用的仪器。驾驶人员可以在里面进行观察;浮筒内充满了比重小于水的液体,这种液体也就是大家非常熟悉的汽油,它的作用是使深潜器浮在水中。如果需要下潜,可以把水抽进压载舱内,以增加它的重量,使之下潜。如果驾驶员觉得深潜器下潜的速度太快,可以把一部分压载物抛投出去,以减缓下潜的速度;当全部压载物抛出舱后,深潜器就会自动地升上水面。

1963年,一艘经过改装后被命名为"的里雅斯特Ⅱ"号的潜水观察船,在执行搜寻游弋中的核潜艇"HSS·泰尔西"号时,由于出色地完成了任务而闻名于世。潜水观察船可以对98%的海底进行勘察,其功能是显而易见的。因此,它被科学家们称为深海中最得力的工具。

179. 潜水运动是从什么时候开始风靡全球的?

娱乐潜水,又被人们称为体育潜水,它在众多的航海运动项目中,是一项历史悠久、趣味无穷的活动。你知道潜水运动是从什么时候开始风靡全球的吗?

早在1934年,一位名叫盖伊·吉尔伯特里克所写的有关潜水运动的书出版一年以后,体育潜水就在世界各地流行起来。体育潜水的方式主要有裸潜和斯库巴潜水两种。所谓裸潜,主要是指自由潜水,即潜水人离开水面,潜到一个特定的深度,或者用一种最低价值的器具来完成。它可以说是潜水员的一种最基本技能,只需要一只简易的面罩(护目镜)和呼吸管。这是一项很有意思的体育运动,到目前为止,全世界有成千上万的人正进行这一运动。如果要用斯库巴的方式进行水下运动,则需要潜水员经过训练,并要具有一定的成熟意志力。

潜水是一项毅力与智慧相结合的群众性运动,不知道你对这项运动是不是也很感兴趣呢？

180. 水肺给潜水员带来了什么？

水肺是什么？它是潜水员下潜到深海的一种得力工具。

潜水员在潜水时除了要戴水肺以外，还要扎一根加重的皮带，脚蹬橡皮鸭脚板，并且用面罩罩住眼睛和鼻子，如果能再穿上一套御寒的海绵橡皮服，他就能像鱼儿一样在深水中自由自在地游动了，这对以前的潜水员来说是想也不敢想的事。埃及的一名潜水员就曾经感受过水肺给他带来的潜水帮助。他在上岸后说的第一句话就是："水肺给潜水员带来的幸福，就像囚犯从狱笼里释放出来一样令人振奋。"

最早发明水肺的古斯托和他妻子是率先享受到这种幸福的人。他们戴上水肺，在别人难以到达的海底世界里发现了令人赏心悦目的水下奇观：无穷无尽的新奇生物等待着他们去观察，形形色色的海水鱼类在这个水下花园中游来游去，他们与潜水员结伴为伍。海底世界犹如人间仙境一样令人流连忘返。

但是，古斯托并没有因此而沉迷于胜利的喜悦之中，这反而更加强了他对水下勘探的兴趣。"二战"结束以后，他组织了一个由9人组成的海底研究组，他教科学家们如何使用水肺，并带领他们进行海洋考察。与此同时，他还在进行着进一步改进水下呼吸设备的研究工作。看来，水肺给潜水员带来的机遇还将会更多。

181. "深水舞蹈"是怎么一回事？

说到跳舞，大家一定不会感到陌生，但是你知道"深水舞蹈"是怎么一回事吗？

"深水舞蹈"是指不使用技术设备的自由潜水比赛。1960年，意大利人思措·马约尔卡在意大利的锡拉库萨湾首次创造了"深水舞蹈"的世界纪录，当时他取得49米的深潜成绩，并且得到了世界水下联合会的承认。从此，这位深潜明星脱颖而出，还引出了许多追随者。

帆板运动员在海上比赛

必须指明的是，进行超深度的自由潜水是十分危险的，根据世界水下运动联合会的规定，只有经过专门训练的行家在具备严格的科学和医疗监督的特定条件下方可进行深潜比赛，其他人是不可随意进行的。

到了20世纪70年代末，"深水舞蹈"在欧洲等地不断盛行，思措·马约尔卡的纪录也不断被打破。

海洋探险

182. 世界上第一架水下飞机是在哪一年研制成功的?

在第二次世界大战结束前夕,世界上已有不少国家开始投入巨资研制能够在海洋深处飞行的水下飞机。按照科学家们的设想,用水下飞机做交通工具,既方便又安全。普通飞机遇到水面就无法降落,而水下飞机即使在海面波浪滔天的情况下,也能钻到水下继续飞行。在军事上,水下飞机的用途就更大了,它既可以腾空与敌机搏斗,又可以潜到敌舰附近发射鱼雷,或者潜伏在敌人的航海线上,阻击敌方的运输船队。到20世纪60年代,美国终于研制出一架能在天上飞、水面行和水下潜的多功能飞机。1964年7月9日,美国航空飞行员驾驶着这架飞机,下潜到离海面4米深的海水里"飞行"了1小时,飞行速度为每小时7.5千米,然后它又钻出水面,借助浮筒滑行了一段距离后迅速飞上天空,在空中它的飞行速度可达每小时100千米。可惜这种飞机由于下潜的深度十分有限,不能满足当时军事部门提出的下潜要求,因此并没有进行批量生产。以后,随着潜艇特别是核潜艇的发展,水下飞机的研制方向转向海洋开发和深海探测上,即转向"飞向深海"的水下飞机。

183. 谁是世界上年龄最小的滑水者?

身穿橘红色的救生衣,脚踏滑水板,在高速汽艇的牵引下,在碧蓝的大海上犁出一道雪白的线条,或者表演出杂技一般的高难动作,风驰电掣般地掠过平静的海面,身体就像飞翔的海鸥一样,轻灵而矫健,能够进

行滑水运动,这该是一件多么富有刺激和冒险的体育运动!滑水运动员一般都有着健壮的体魄、灵活的反

脚踏滑水板滑水

应和超人的毅力与胆量,一般都是青壮年人。有没有小孩来参加滑水呢?如果有的话,谁是世界上年龄最小的滑水者呢?当今世界上年龄最小的滑水者是只有9个多月大的美国儿童帕克斯·博尼费。你也许会说,9个月大的幼儿恐怕连站立、走路都成问题,怎么能够滑水呢?其实,这种疑惑和担心是不必要的。因为在帕克斯·博尼费出生不久,就开始接受加强肌肉和身体平衡协调的训练,在他7个月时,就进行了第一次滑水训练,9个月时就已能够从事滑水表演了。你瞧,帕克斯·博尼费滑水时的姿势多么老练,笑得多么开心呀!

184. 海底洞探为什么被称为新奇的探险?

海底洞探并非海底旅游,也不同于普通的海底探险。因为海底洞探不仅需要有强壮的体魄,而且需要有超凡的胆量和非凡的心理素质。探险者面对的将是

海洋探险

陌生的、黑暗的、阴森恐怖的海底洞穴。

在海底探险中,探险者会遇到各种意想不到的险情,诸如,受到各种海底凶猛生物的攻击;突然痉挛或被海底寒冷冻僵。最糟糕的是探险设备出现问题,轻则终止你的探险,重则使你葬身海底。

美国的佛罗里达州是海底洞穴探险家的圣地,每年

海上捕鱼归来

都有许多来自世界各地的爱好者云集此地。因为这里有世界一流的海底洞探教授,有最先进的海底洞探装备,还有丰富的海底洞穴。

海底洞探虽然情况复杂,环境恶劣,但惊险之中也有常人难以体会的快乐。当你从隧道狭缝来到宽大的洞穴中,透过灯光,看到千姿百态、奇形怪状的岩石,以及在你身边犹如空中飞舞彩蝶的鱼儿时,那情景更是别有一番滋味。

人类之所以能不断进化发展,其主要原因之一就是不断的探索、进取。海底的神奇、洞穴的奥妙深深吸引了众多的探险者,人们不会因为它的危险而望而止

步,反之会更加不断地探索,正如人类会不停地发展一样。

185. 谁是当代潜水女王?

希尔维亚·厄尔是一位美国著名的海洋生物学家,也是世界上最有成就的海洋科学家之一,可以说,她把自己的整个身心都献给了海洋。她在水下逗留的时间累计已经达到了6000多个小时,并创造了好几项潜水世界纪录,这其中就包括无系绳单独下潜的最深潜海纪录。目前,她还希望自己能成为下潜到海洋最低点的第一位女性。

当希尔维亚仅有3岁的时候,她就深深地爱上了海洋。16岁时,她第一次在佛罗里达的威基沃奇河戴着借来的铜制潜水头盔进行下潜。从那时起,她就开始在世界各地的海域进行潜水活动,包括大西洋的墨西哥湾、印度洋的红海、太平洋的夏威夷海域等等,几乎涉及世界上所有的海域。1970年,希尔维亚领导了一个全部由妇女组成的水下观测小组,她们在一个水下的居住点里呆了两周,每天都要潜入周围海洋10小时~12小时,目的在于研究那些在与世隔绝环境中人们的工作行为。

1981年,她和工程师格拉海姆·豪克斯共同创立了深海工程公司,主要研究制造探索海洋的一些工具,他们最成功的产品是一种称作"幻影"的可遥控的潜水工作艇。1984年,深海工程公司制作的一艘可乘载一人的"深海漫游者"号潜艇下水。第二年,这艘小潜艇就可以下潜达到1000米的深度。希尔维亚并没有因此而感到满足,她还在继续研究一种可以下潜到马里亚纳海沟最低点的深海潜水器,尽管这种潜水器的研制经费已达1000多万美元,但她还是为此项计划的实施提出了可行性的理由:"一旦你到了那里,你就可以到达世界海洋中的任何一个地方。"这就意味着它可到达世界上还没有被人类探索过的海洋中的99.9%。

希尔维亚的格言是:"前进,继续下潜。"她希望有一天,科学技术最终能为人类提供到达最深洋底的工具或途径。

186. 谁是素潜世界冠军?

素潜就是屏住气潜水。素潜运动20世纪90年代以后才在欧洲开始流行,但是它作为一种正式的竞技项目,目前只得到了意大利潜水联盟的承认,但这丝毫没有影响人们的素潜积极性。素潜爱好者们仍不遗余力地向深海冲击,他们要用自身力量打开那扇神秘的大门,向新的记录挑战。

1993年10月11日,对于28岁的佩利加里来说是个难忘的日子,在意大利的蒙特克里斯托岛,他创下了屏气潜水123米的世界纪录。123米深度意味着13个大气压强。在水下压力达到13个大气压强之前,普通人的肺叶早就被压破了,可是神话在佩利加里身上变成了现实。

佩利加里成绩的取得完全得益于他从小就开始的刻苦锻炼,他在体力训练时总是选择比较轻的哑铃,以加速动作频率。1993年年底,日本神奈川大学的专家给他做了体能测试,结果发现他每分钟的最大摄氧量为4122立方厘米,超出正常人的2倍。他的水下屏气时间的世界纪录为7分21秒88。如此好的身体素质,为他创造世界纪录提供了有力的保障。

187. 最深的海上救助在哪里?

大家都知道,海上意外事故是随时随地都可能发生的,如果在我们能力达不到的地方发生了意外事故,那该怎么办呢?人类的智慧是值得骄傲的,如果人本身办不到,那么科学家们会发明一种新的机器人,以代替人类来完成。

1972年5月20日,为了安放在美国夏威夷以北643.72千米处的海底电子设备连接电缆,美国海军派出了"的里雅斯特I"号探险器。这艘探险器由美国海军少校巴蒂尔斯指挥。为了完成任务,探险器必须下潜到5029.2米处,这也是目前海底作业的最大深度。在完成连接电缆的同时,探险器也面临一项新的考验。

探险器虽然能下潜到很深的海底,但一些细致的工作它是无能为力的,这就要靠一种特殊设计的海底机器人来完成了。1985年7月,为了打捞在爱尔兰附近坠毁的印度民航747波音班机的黑匣子,科学家们派出了机器人"斯卡拉伯I"号,它携带着一个测水器和一个由水面船只拖着的扫描跟踪雷达,成功地下潜到2042.2米深的海底,打捞上了装有坠毁的飞机录音机的黑匣子,帮助人类出色地完成了最深的海上救助。

188. 深海打捞收获最大的是哪一次？

在水底下对已沉的物品进行深海打捞,是一项很危险的工作,它的危险程度超过了陆地上任何一种工作。

迄今为止,由潜水员工作获得成功的最深的海上打捞行动,是打捞1942年5月2日失事的英国皇家巡洋舰"爱丁堡"号残存物。这次打捞的行动是在位于北极圈内挪威北部的巴伦支海进行的。在前任英国皇家海军军官兼打捞指挥史蒂沃特的指挥下,12名潜水员使用一只"斯蒂凡尼特姆"号船上的潜水钟,轮番下潜到244.8米水深处的残骸上作业。

打捞工作是从1981年9月17日开始的,经过了40天后,10月7日,随同"爱丁堡"号沉没的460块金锭全部打捞上来,并且对它们进行了按劳分配。美国得到了1315万美元,苏联得到了2630万美元,有3240万美元到了打捞者的手里,这其中有10%要归耶伯海上打捞有限公司,其余归沃顿·威廉斯有限公司。

28岁的罗尔是首先摸到了金锭的人,这次得到的7185万美元是迄今为止收益最多的打捞记录。

189. 面对冲浪运动你做好准备了吗？

面对汹涌的海浪,也许许多人会望而生畏,但是在冲浪好手们的脚下,那滚滚的海浪却像一匹已被驯服的骏马;如果你是一个喜欢与浪花搏斗的勇敢者,面对海浪,你做好准备了吗？

进行冲浪运动,首先要了解海浪。海浪从级别上

分有轻浪、中浪、大浪和狂浪；从形状上又可分为碎浪、涌浪、排浪和卷浪。冲浪所需要的是中浪以上的排浪。理想的冲浪场地，最好是狭窄出口的海湾。涨潮的时候，大量的海浪从窄口涌入。如果海底的地形和风势合适，就会在海湾中形成高、稳、卷的排浪。冲浪所用的器材，与其他运动相比是最简单、最便宜的。它只需要一块中间填泡沫材料的玻璃纤维制成的冲浪板即可。冲浪板头尖尾平，类似船形，板底有两个鳍状的尾舵。爱好者可根据自己的身高和体重，选择不同长度的冲浪板。冲浪的原理是利用海浪的升力在浪峰上站起，顺着浪身滑下去，然后在浪谷转体，利用惯性滑上

浪腰,周而复始。

大家都知道,我国拥有漫长的海岸线和宽阔的海域,我国的青少年中,已有很多在海南岛或其他的海域中享受过冲浪带来得乐趣。国家体委对开展冲浪运动非常重视,曾邀请过澳大利亚和美国的冲浪教练来中国访问,以推动我国的冲浪运动。

190. 横渡海峡会遇到哪些困难?

一个想横渡海峡的探险者,他必须具有与大自然顽强搏斗的勇气和毅力,除此之外还要有健康的身体为基础。

就拿英吉利海峡来说,在它的上空是3个气象区的交汇点,风云常常变幻莫测,经常会莫名其妙地刮风和下雨,在英吉利海峡中,每天有大约500艘油轮和货船从这里驶过,轮船过后会掀起排山倒海般的巨浪和漩涡,使横渡的人好像是掉进了一个巨大的洗衣机中,还有那一群群大海藻常常缠在横渡者的身上,令人不寒而栗。海水是又苦又涩的,长时间在海水中浸泡,使人的嘴唇和腋窝如火烧般的灼痛,这是一般人难以忍受的。

虽然现在横渡英吉利海峡这项运动被人们称为"小儿科",但要想征服它的人们还是要付出巨大的努力和代价的。

191. 世界历史最长的帆船赛是哪一个?

在世界上的各种体育比赛项目中,有一些是在大海中进行的,其中之一就是帆船比赛。参赛选手大都需要自造帆船，不能使用任何机械动力，只是凭借参赛选手的体力和海上航行的本领来完成一定距离的海上航行来决定胜负。这期间可能会遇到来自身体、器械、海洋和气象等各方面的困难，都只能靠运动员自己来解决，目的是继承人类古老的航海技能和航海传统，因此帆船比赛深受人们的喜爱。那么世界体育运动史上时间最长的帆船赛是那一个呢？这就是始于1851年的"美洲杯"帆船赛，距今已有150年的历史了。"美洲杯"帆船赛是现代体育运动史上历史最为久远的传统单项海上比赛项目，也是一项耗资巨大、在西方体育运动中占据重要地位的大型海上竞技比赛，其中冠军被美国独家垄断达132年之久，直到1983年，澳大利亚的"澳洲"2号帆船队在比赛中夺冠，才结束了美国独霸"美洲杯"的历史。

192. "双鱼座"号深潜器到百慕大海底去寻找什么？

多少世纪以来，大鱿鱼就一直是那些长年漂泊在海上的海员和渔民们想象中的海神。到了19世纪70年代，人们才意识到这种大鱿鱼并非是虚无的幻想，而确实是在大洋里存在的。有人曾经在纽芬兰岛附近发现过几条已经死掉了的和几条奄奄一息的大鱿鱼，有的渔民在鲨鱼的肚子里看见过大鱿鱼的残体，还在百慕大海岭的浅滩上发现过已经腐烂了的大鱿鱼尸体。

如果这些见闻属实的话，生物学家认为大鱿鱼可能就是世界上现存的最大的无脊椎动物。它的体宽可达4米，有8个粗壮的前臂，两个又长又细的触角；体重

海洋探险

在1000千克左右。从它的触角算起,它的体长有20米。

为了寻找这种神秘的鱿鱼,从1986年起,由美国国家海洋大气局、地震协会、电话电缆公司、国际海底承包公司以及北卡罗来纳大学、加利福尼亚大学等十几个单位共同组成了科学考察队,他们大规模地在百慕大等海域进行探索活动,并将这次活动称之为"毕比行动"。"毕比行动"持续了两年时间,有数百名科学家先后进入到深海进行考察。

在"毕比行动"中使用的就是"双鱼座"号潜水器,它长约6米,宽3米,重约20吨。它的外壳用合金钢制成,舱内直径约2米,可供3人乘坐,最终可以下潜到2千米的海底来搜寻这种神秘动物。

潜水器前面装有3支1000瓦碘钨灯,犹如大龙虾的触角和钳子,特别是那支碘铌灯,在黑暗的海底可以发出绿光,穿透海水,保证潜水器安全前进,同时也给立体摄像机和照相机有效地工作提供了方便。

尽管在这一海域至今还没有找到大鱿鱼的踪影，但考察队员却有大量的机会观察各种鲨鱼。特别是一种六鳃鲨，它引起了大家广泛的兴趣。通常，鲨鱼只有5对鳃，但是为什么这种鲨鱼多出一对鳃呢？你能揭开这个谜吗？

193. 人能像鱼一样在海里畅游吗？

当你站在水池边，望着水中自由自在的鱼儿时，你有没有想过鱼为什么会在水中这样自由自在，而我们人类却不能呢？

几个世纪以来，人们始终被鱼到底如何呼吸这个问题所困扰。于是，传说中的美人鱼和其他的两栖动物就成了世界传统文化的一个组成部分。

1998年，日本东京早稻田大学的一个由化学家、物理学家和数学家组成的科研小组终于让人们实现了像鱼那样在水中畅游的梦想。因为他们发明了两种可以分别模仿鲤鱼和巨头鲸呼吸的人造肺。与鱼类把水中的氧气直接输入血中有所不同的是，人造肺是通过嘴上的呼吸器把氧气送入肺中的。

从海水中提取氧气的过程是通过成千上万根由特殊复合物制成的管壁极薄的超细纤维管来实现的。当海水流过像细面条那样的密密麻麻的网孔的时候，海水中已经被溶解的氧分子就会通过薄薄的管壁成为可供人呼吸的气体。

现在，科学家们还在努力研制一种更加轻便的人造肺，预计这种人造肺的第一个原型将用3年的时间研制成功,然后用5~10年的时间投放市场。到了那时候,人类就可以真的如鱼儿一般在水中畅游了。

194. 女性适合潜水运动吗?

潜水运动对每个人来说无疑是一种挑战,但是如果你经历过一次以后,或许你会迷上它,因为水下世界是神奇的。

1936年以后,古斯托发明的一种新的潜水装具应用于潜水中,从而使更多的女性潜水爱好者有机会实现潜水的愿望。经调查,女潜水员们大多受过高等教育,已婚但没有孩子,家中都有其他的人喜欢潜水。这些女性都表示,当她们学会潜水的时候,也就深深地爱上了这项运动。

但女子适合潜水运动吗?许多学者、医生和潜水组织者对这些问题进行了探究。他们认为,有些妇女没有征求专家的意见,便在经期和怀孕期下水,是十分危险的,特别是怀孕期妇女不适合潜水,因为水压和各种潜水运动都会对胎儿和孕妇产生直接的威胁。

然而,除了经期和怀孕期以外,女性甚至比男性更适合潜水。生理学家提出,女性与男性对于冷热温度的感受是不同的,因为女性皮下脂肪较厚,在水中热量散发慢,能较好地保持体温,就这一点来说,女性比男性更适合潜水。

其实,对于女性来说,个人的体质和其他方面对潜水也有影响,体质好的人更适合潜水。

潜水运动对于女性来说有利也有弊。如果能扬长避短，必然会让你在热爱该项运动的同时，也增强了体质。

195. 谁是自由潜水冠军？

自由潜水就是不借助于任何辅助工具的裸潜，克罗地亚人楚拉维奇于2001年3月4日在奥斯陆以南冰冷的海水中下潜至45米深度，打破了他自己1999年2月创造的下潜42米的纪录，成为新的吉尼斯世界潜水纪录。

楚拉维奇今年26岁，他憋气的最长时间为7分10秒，潜水前他的心率降到了每分钟10次以下，尽管如此，在他浮出水面时，还是出现了昏迷现象，但经过医院输氧以后他又恢复了健康。

196. 探险家们的理想伙伴是什么？

在极地探险中，在茫茫冰原上只有探险家一个人独自完成探险任务是十分危险的，因此，探险家们需要一个能为他们提供帮助的助手，探险家们最理想的伙伴是什么呢？这就是在北极圈中由爱斯基摩人驯养的爱斯基摩犬。为什么探险家们要选这种狗作为探险的伙伴呢？原来，这种狗的毛长而宽，在零下50℃风雪严寒天气里，它们可以行走自如，就是被大雪埋住了，只要能露出脑袋，它依然能安然酣睡。一只成年的爱斯基摩犬可以拉20千克的雪橇，连续在雪地里行走十几个小时，每小时可行走达10千米。这种爱斯基摩犬还可以辨别方向，并可以冻得很坚硬的海豹肉为食，这对于一切食物都很有限的探险是很难得的。

海洋探险

北极探险家和爱斯基摩狗

在南极的探险史上,爱斯基摩犬的功勋是随处可见的。1911年10月19日,挪威著名的探险家阿蒙森从设在鲸湾的南极基地出发,满怀激情地要做第一个登上极点的人。他的那架载粮食物品的雪橇由13头爱斯基摩犬拉着走,终于在1911年12月14日登上了3048米的南极高原之峰。而英国探险家斯科特,虽然比阿蒙森晚走了10天,但他因为对狗拉雪橇没有信心而错误地使用了耐寒的西伯利亚矮种马,结果他在途中连人带马掉进了万丈冰渊。

在极地探险中,爱斯基摩犬的作用是不可忽视的,因此,它们被称为探险家们的理想伙伴。

197. 神秘的海底铁塔在哪里?

法国的艾菲尔铁塔是世界闻名的,可是大家知道在海底也有一座著名的铁塔吗?

1964年8月29日,"爱尔塔宁"号科学考察船航行到智利的合恩角以西7400千米的地方时,在这里抛锚停泊了。船上的工作人员将一台深水作业摄像机下潜到4500千米的海底进行水下拍摄工作。当一天的工作结束后,技术人员对当天拍摄的胶片进行显影处理时,忽然在一张胶片上发现了一片奇特的东西。

深海寻宝探险

他们把这张胶片放大数倍后,清晰地看到了一片顶端呈针状的水下"铁塔"。从塔的中部延伸出4排芯棒,芯棒与铁塔成精确的90度夹角,每一个芯棒的末端都有一个白色小球。科学家从整体发现,照片上的这个铁塔很像是一座塔式发射天线。

能拍到这个神秘铁塔对于研究人员来说是很幸运的。因为海底是个浩瀚无垠的广阔世界,摄影机已被输入电脑程序,它的开机时间间隔是固定的。科学家们通过仔细的研究后,指出这座神秘的海底铁塔是由智能生物建造的。因为海底的深度是人们难以想象的,如果说是由人类建造的,那似乎有点勉强。那么这些神秘的智能生物是什么呢?科学家们用了36年的时间来研究它,始终都没有一个明确的结果。这其中还隐藏着多少秘密呢?

198. 爱斯基摩人是怎样过冬的?

说到爱斯基摩人,我想大家一定不会陌生,他们是北极地区的一个古老民族,分别居住在西起亚洲大陆的白令海峡沿岸,东至格陵兰东岸的54000多平方千米的北极地区。爱斯基摩人约有10万人,主要生活在美国的阿拉斯加半岛、丹麦的格陵兰岛和加拿大北部沿海一带,此外,俄罗斯也有1000多人。

"爱斯基摩"一词在古印第安语中为"吃生肉的人"。的确,爱斯基摩人历史上有吃生肉和喝鲜血的习惯,这种习俗是因特殊的生活环境造成的。目前,爱斯基摩人的住房大多是木质结构的,冬天室外温度为零下30℃,有时甚至达零下50℃,就连室内的温度也会下降到零下20℃,在这么冷的环境下,爱斯基摩人是怎样过冬的呢?

爱斯基摩人冬季的服装主要是用鹿皮、狐狸皮和野兔皮缝制的,它的款式别具一格,衣领上带着风帽,上下连成一体,大家所熟悉的登山服和滑雪帽就是汲取了爱斯基摩人服装的御寒特点而制作的。如果只穿这些还是不够的,他们的内衣一般是用海鸭等海鸟皮缝制的,毛朝皮肤,穿着不会约束身体各个关节的活动。身上穿得暖和了,那露在外面的双手会不会冷呢?爱斯基摩人手上戴着短的并指手套,就连手套里也塞上了干草,以起到保暖的作用。

　　瞧,爱斯基摩人为了抵抗寒冷的冬季,要穿上这么多厚厚的衣服,如果你也想感受一下零下50℃是怎样一种情景,那么就到爱斯基摩人家中做客吧!

199. 人类是怎样首次拍摄到深海大乌贼的?

　　大乌贼是目前为数不多的令当代海洋科学家感到困惑的海洋生物之一,大乌贼的眼睛构造几乎和人眼一样复杂和完美,像人们吃饭用的餐碟一样大。8只长长的触手上长有2排强劲有力的吸盘,每只手的边缘上还长有坚硬的角质利齿。另外,大乌贼还能像喷气式飞机一样在海中疾行如飞,它喷射的墨汁状液体既可逃避天敌的攻击,又可产卵繁衍后代。大乌贼的这些特征,激励着人们渴望一睹它的真面目。可是,成年的大乌贼可长到60英尺长,重达1吨,而且,那种特大乌贼一般生存在水深2300英尺以下的大洋中,想要见到大乌贼实在不是一件容易的事。好在天无绝人之路,在科学家们的努力下,人类终于首次拍摄到了深海大乌贼。那是在1997年,由美国、英国和新西兰三国10多名科学家组成的考察队,在新西兰沿海凯库拉海下大峡谷的深海区首次拍到了深海大乌贼。凯库拉大峡谷是世界上为数不多的深海生态区之一,纵深太平洋下1000米。你也许会问,在这么深的水下,人怎么样做才能拍到深海大乌贼呢?大家知道,大乌贼的天敌是抹香鲸,无论大乌贼藏到海底什么地方,专门喜欢吃大乌贼的抹香鲸总能找到大乌贼并把它吃到肚子里

去。于是,深海探险队把一架可连续3小时追踪拍摄景物并带录音装置的摄像机,用吸盘固定在抹香鲸的脊背上,以期借助抹香鲸喜食乌贼的天性拍摄到大乌贼这种隐居深海神秘莫测具有传奇色彩的海洋软体动物的生活场景。拍摄完毕后,摄像机上的机载定时器就会指示吸盘减压从抹香鲸的脊背上浮出水面。就这样,深海大乌贼被人类利用高科技手段首次拍摄下来,并利用仿生原理来研制高速海下潜艇。如果你真想一睹深海大乌贼面容的话,你可以去美国史密森协会自然史博物馆,那里陈列着世界上唯一一只保存完好的大乌贼标本。

200. 中国为什么要建造"蛟龙"号深海载人潜水器?

深海是指1000米水深以上的海域,它包括不属于任何国家管辖范围的绝大部分国际海底区域和一部分国家管辖海域。深海海域蕴藏着丰富的稀有金属和矿藏。

为了推动我国深海运载技术发展,为我国大洋国际海底资源调查和科学研究提供重要的高技术装备,我国的"蛟龙"号深海载人潜水器于2002年被

列入国家高技术研究发展计划(863计划)重大专项,并启动研制工作。经过约100家科研机构和企业6年的

努力,深海载人潜水器本体研制、水面支持系统研制和试验母船改造、潜航员选拔及培训等工作全部完成,具备了开展海上试验的技术条件。2009年8月开始,"蛟龙"号载人深潜器1000米级和3000米级海试工作相继开展。

"蛟龙"号载人深潜器具有针对作业目标稳定的悬停定位能力、先进的水声通信和海底微地形地貌探测能力;同时,可以高速传输图像、语音和探测海底的小目标。"蛟龙"号上还配备了多种高性能作业工具,以确保在特殊的海洋环境或海底地质条件下顺利完成保真取样和潜钻取芯等复杂任务。

201. "蛟龙"号最大设计下潜深度是多少米?

据设计者介绍,未来"蛟龙"号的使命包括运载科学家和工程技术人员进入深海,在海山、洋脊、盆地和热液喷口等复杂海底有效地执行各种海洋科学考察任

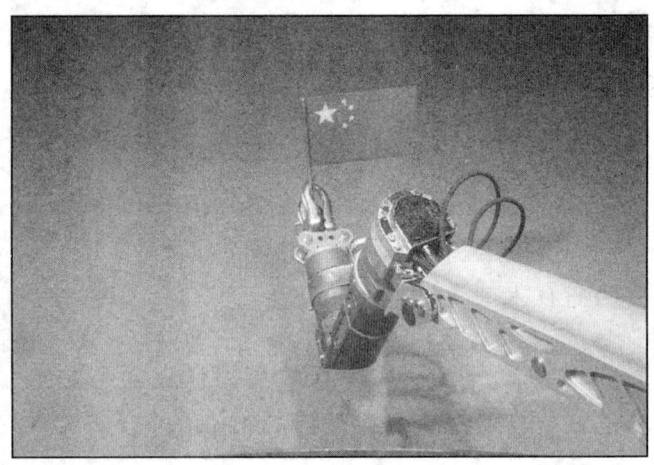

"蛟龙"号潜水器在中国南海海底成功插上中国国旗

务,开展深海探矿、海底高精度地形测量、可疑物探测和捕获等工作,并可以执行水下设备定点布放、海底电缆和管道的检测,以及其他深海探询、打捞等各种复杂作业。

目前,美国、法国、俄罗斯、日本拥有世界上仅有的5艘6000米级深海载人潜水器。"蛟龙"号载人深潜器在世界同类型载人潜水器中具有最大设计下潜深度——7000米,这意味着该潜水器可以在占世界海洋面积99.8%的广阔海域中使用,代表着深海高技术领域的最前沿水平。目前,"蛟龙"号的每个装备部件都已经通过了7000米压力考核,并将在今后的5000米、7000米海试中加以验证。

202."蛟龙"号目前最大下潜深度达到多少米?

2010年8月26日,中华人民共和国科技部和国家海洋局在北京联合宣布,我国第一台自行设计、自主集

"蛟龙"号潜航员在庆祝深潜成功

成研制的"蛟龙"号深海载人潜水器3000米级海试已经取得成功,最大下潜深度达到3759米。这标志着我国成为继美、法、俄、日之后,第五个掌握3500米以上大深度载人深潜技术的国家。据介绍,2010年5月31日至7月18日,"蛟龙"号深海载人潜水器在我国南海进行的3000米级海上试验中,共完成17次下潜,其中7次穿越2000米深度,4次突破3000米,最大下潜深度达到3759米。潜航员驾驶"蛟龙"号深海潜水器还成功地将五星红旗牢牢地插入中国南海深深的海底。

203. "向阳红09"船是怎样完成"蛟龙"号海潜试验的?

"向阳红09"船是我国自行建造、自行设计的远洋科学考察船,曾经先后完成世界气象组织"全球大气试验"调查、"中美东海联合调查"、"中国大洋科学考察"等重大国内外海洋调查,出访过俄罗斯、朝鲜、美国等国。

携带"蛟龙"号深海潜水器的"向阳红09"号母船

2007年12月,经过近一年的增改装后,"向阳红09"船由远洋科学考察船成功增改装为我国大洋科考深潜试验的母船。

在2010年5月至7月进行的"蛟龙"号载人深潜器3000米海试中,"向阳红09"船搭载参试人员从青岛母港出发,首先航行至江阴,搭载上"蛟龙"号深潜器后,再航行至南海海试,累计航行了945小时,航程14464海里。在海试过程中,"向阳红09"船上的蛙人小组、甲板保障部门与水面支持系统密切配合,圆满完成了所有试验的布放、回收任务。在警戒船舶因执行其他任务未能如期到达海试海域期间,"向阳红09"船的全体参试人员成功完成了4次下潜保障任务,确保了试验的顺利进行。

204. 海洋探索是无穷尽的吗?

广袤无垠的海洋,蕴藏着无数的新奇和奥妙,在长达数千年的历史进程中,有许多探险家为她呕心沥血。人类对壮阔海洋的认识,从神秘莫测、茫无所知,发展到初步了解,摸索规律;对浩瀚海洋的探索,从浅海的屏气潜水,发展到乘坐深海潜艇下潜到世界海洋的最深处;从木帆船一点一线的海上探险,发展到现代化海洋调查船、潜艇、海洋自动观察站、水下居住实验室以及各种遥感卫星组成的水面、空中和水下立体观测。

所有这些都是人类自远古以来对海洋的认识以及在利用海洋方面所取得的成果,是探险家们不畏艰险、不怕牺牲的勇敢精神所描绘的壮丽画卷。海洋探险是

探索海洋的足迹

否已经到了尽头,再也不会有什么新发现了呢?

我们应该认识到,虽然人类已经深入到海洋的最深处,但是在很多方面,海洋依然是一个还远未被认识的世界。人类对海洋的了解,甚至远远不及对月球的了解。认识海洋和开发海洋的道路是没有尽头的,在艰难曲折、困难重重的海洋探险之路上,需要我们以及我们的后人们继续不懈地为之探索、奋斗,永远都不能满足和止步。

浩瀚的海洋,在新世纪的曙光中,期待着更多坚定无畏的探险者来揭开她神秘的面纱!

编后记

世界的未来是青少年的,而世界未来的希望在海洋。21世纪的今天,世界已经进入全面开发和利用海洋的新时代。

在我国青少年中全面、系统地开展海洋知识的普及教育,以适应国际形势变化的需要和未来人类社会发展的需要,是我们当代海洋科技教育工作者的责任和义务。有感于此,我们来自国家机关、高等院校、科研院所、军事机构等40多位海洋科技工作者,花费了三年多时间,精心策划并编撰完成了我国有史以来第一部海洋知识体系最完备、内容最全面的科普图书。

《海洋小百科全书》共20分册,300余万字,110个知识大类,总7000余个知识问答,几乎涵盖了海洋自然科学、海洋人文科学、海洋军事科学的全部基本内容。本书第一版由中国少年儿童出版社于2002年5月出版,2003年9月荣获由中共中央宣传部等7个部门联合颁布的"第五届全国优秀科普作品奖科普图书类三等奖"。本书于2007年10月修订再版,现再次修订,由中山大学出版社出版。本次修订在保持原有知识体系和编写风格基本不变的情况下,除进行必要的知识内容更新外,又新增加了《海洋经济》分册,使《海洋小百科全书》的知识体系进一步完备,知识内容更加丰富。

本书自2002年5月出版至今,一直得到社会的普遍关注和广大读者的厚爱,在此,一并向曾经对本书编撰、出版、发行、修订等作出过贡献的人们表示衷心的谢意。

由于本书涵盖的知识内容宽泛,编写任务十分繁重,难免有知识遗漏和编写不当之处,欢迎广大读者提出宝贵的意见和建议。

《海洋小百科全书》主编:关庆利
2010年9月24日

《海洋小百科全书》分类目录

（20分册·110类）

1 海洋地理
　海洋地理大观
　世界海岛揽胜
　海洋地理趣闻
　奇妙海底世界
　海洋地质灾害
　神奇中国岛岸

2 海洋水文
　多姿多彩的海洋
　海水的自然神韵
　海洋与人类互动
　探测海洋的波脉

3 海洋气象
　走近海洋风暴
　探寻海洋天气
　感受海洋冷暖
　变换海洋风雨
　领悟沧海桑田
　俯观海气轮回

4 海洋探险
　古代海洋探险
　近代海洋探险
　现代极地探险
　环球海洋风采

5 海洋航运
　船舶千秋史话
　航海妙趣万千
　惊涛铸造奇闻
　中国航运今昔
　船运业务趣谈

6 极地科考
　挑战人类的环境
　不可争夺的领土
　南极人的生活
　南极生物奇趣
　揭开奥秘的考察
　北极世界的探索

7 海洋生物
　无限生机的海洋
　迷人的海洋奇葩
　璀璨的贝类明星
　威武的虾兵蟹将

微小的海洋居民
　　多彩的海洋植物
8　海洋动物
　　奇妙的动物家族
　　高超的生存技巧
　　神秘的自然之谜
　　复杂的生存关系
　　多彩的情爱生活
　　狰狞的危险动物
　　友善的人类朋友
9　海洋渔业
　　千姿百态捕鱼技术
　　海洋渔业发展史话
　　名贵海产品趣味谈
　　海产品美食与营养
　　海产品保健与药用
10　海洋化学
　　海水的趣味故事
　　海水的化学秘密
　　海水的化学资源
　　无尽的海底宝藏
　　流泪的海洋环境
11　海洋物理
　　妙趣横生海洋物理
　　威力无比海洋声学

　　奇光异彩海洋光学
　　探索海洋高新技术
　　四通八达海底电缆
　　准确无误导航技术
12　海洋工程
　　人类水下生活
　　探索海底世界
　　雄伟近岸工程
　　海上铸造希望
　　港口飞架彩虹
　　旅游方兴未艾
　　无尽海洋能源
13　海洋科教
　　著名的海洋科学家
　　世界海洋科技之最
　　重大海洋科学考察
　　世界海洋科研教育
14　海洋权益
　　蓝色的海洋国土
　　繁杂的海域划分
　　激烈的海洋争斗
　　独特的海运规则
　　严格的船舶管理
　　复杂的海事纠纷
　　神圣的海洋权益

15 海洋经济
　　海商奠基帝国兴起
　　追寻民族海商踪迹
　　当代海洋经济概览
　　日新月异朝阳产业
　　夯实蓝色经济基石

16 海洋文学
　　中国古代海洋文学
　　中国现代海洋文学
　　外国古代海洋文学
　　外国现代海洋文学
　　中外海洋影视文学

17 海洋文化
　　海洋神化故事
　　海洋语言文字
　　海洋绘画名作
　　海洋雕塑艺术
　　海洋音乐经典
　　海洋民俗风情

　　海洋著作学说

18 海军兵器
　　凶悍的汪洋猛鲨
　　奇妙的掠波剑鱼
　　神秘的龙宫巨鲸
　　无敌的长空雄鹰
　　未来的海战新秀
　　难忘的千年风流

19 古今海战
　　古代海战追踪
　　近代海战掠影
　　"一战"群雄争霸
　　"二战"邪灭正兴
　　现代海战大观

20 海洋军事
　　海军兵力纵横
　　海军礼仪风采
　　海军名人传奇
　　海军趣闻轶事